会计名家培养工程学术成果库——**研究报告**系列丛书

环境产权会计与审计研究

Research on Environmental Property Accounting and Auditing

伍中信 张薇 周红霞◎著

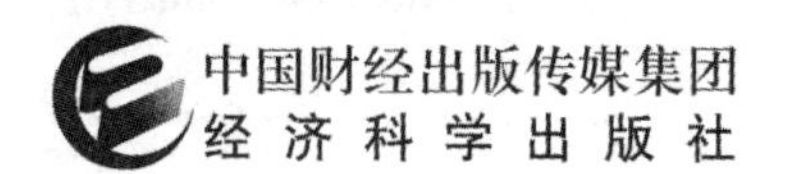

图书在版编目（CIP）数据

环境产权会计与审计研究 / 伍中信，张薇，周红霞著．—北京：经济科学出版社，2019.6

（会计名家培养工程学术成果库．研究报告系列丛书）

ISBN 978－7－5218－0612－0

Ⅰ．①环…　Ⅱ．①伍…　②张…　③周…　Ⅲ．①环境会计—研究②环境管理—审计—研究　Ⅵ．①X196　②F239.6

中国版本图书馆 CIP 数据核字（2019）第 115741 号

责任编辑：李　磊　罗　苘
责任校对：杨　海
责任印制：邱　天

环境产权会计与审计研究

伍中信　张　薇　周红霞　著

经济科学出版社出版、发行　新华书店经销

社址：北京市海淀区阜成路甲 28 号　邮编：100142

总编部电话：010－88191217　发行部电话：010－88191522

网址：www.esp.com.cn

电子邮箱：esp@esp.com.cn

天猫网店：经济科学出版社旗舰店

网址：http://jjkxcbs.tmall.com

固安华明印业有限公司印装

710×1000　16 开　14.5 印张　230000 字

2019 年 6 月第 1 版　2019 年 6 月第 1 次印刷

ISBN 978－7－5218－0612－0　定价：50.00 元

（图书出现印装问题，本社负责调换。电话：010－88191510）

会计名家培养工程学术成果库

编委会成员

出版说明

为贯彻国家人才战略，根据《会计行业中长期人才发展规划（2010～2020年）》（财会〔2010〕19号），财政部于2013年启动“会计名家培养工程”，着力打造一批造诣精深、成就突出，在国内外享有较高声誉的会计名家，推动我国会计人才队伍整体发展。按照财政部《关于印发会计名家培养工程实施方案的通知》（财会〔2013〕14号）要求，受财政部委托，中国会计学会负责会计名家培养工程的具体组织实施。

会计人才特别是以会计名家为代表的会计领军人才是我国人才队伍的重要组成部分，是维护市场经济秩序、推动科学发展、促进社会和谐的重要力量。习近平总书记强调，“人才是衡量一个国家综合国力的重要指标”“要把人才工作抓好，让人才事业兴旺起来，国家发展靠人才，民族振兴靠人才”“发展是第一要务，人才是第一资源，创新是第一动力”。在财政部党组正确领导、有关各方的大力支持下，中国会计学会根据《会计名家培养工程实施方案》，组织会计名家培养工程入选者开展持续的学术研究，进行学术思想梳理，组建研究团队，参与国际交流合作，以实际行动引领会计科研教育和人才培养，取得了显著成绩，也形成了系列研究成果。

为了更好地整理和宣传会计名家的专项科研成果和学术思想，

中国会计学会组织编委会出版《会计名家培养工程学术成果库》，包括两个系列丛书和一个数字支持平台：研究报告系列丛书和学术总结系列丛书及名家讲座等音像资料数字支持平台。

1.研究报告系列丛书，主要为会计名家专项课题研究成果，反映了会计名家对当前会计改革与发展中的重大理论问题和现实问题的研究成果，旨在为改进我国会计实务提供政策参考，为后续会计理论研究提供有益借鉴。

2.学术总结系列丛书，主要包括会计名家学术思想梳理，教学、科研及社会服务情况总结，旨在展示会计名家的学术思想、主要观点和学术贡献，总结会计行业的优良传统，培育良好的会计文化，发挥会计名家的引领作用。

3.数字支持平台，即将会计名家讲座等影音资料以二维码形式嵌入学术总结系列丛书中，读者可通过手机扫码收看。

《会计名家培养工程学术成果库》的出版，得到了中国财经出版传媒集团的大力支持。希望本书在宣传会计名家理论与思想的同时，能够促进学术理念在传承中创新、在创新中发展，产出更多扎根中国、面向世界、融通中外、拥抱未来的研究，推动我国会计理论和会计教育持续繁荣发展。

会计名家培养工程学术成果库编委会

2018年7月

前言

改革开放的40年，也是沿着“放权让利”路径依赖的40年。

但真正触及到产权的改革，是在1992年，也就是小平同志视察南方谈话的时候。

改到深处是产权，我们至今还在路上。

市场经济，实际上是产权经济。因为没有产权主体，就没有市场主体，没有市场主体，自然就没有市场和交易。

当时，亟待培育和发展社会主义市场主体，即产权主体。

恰逢其时，产权经济学鼻祖科斯教授，于1991年底获得了诺贝尔经济学奖。国内学者一哄而上，开始学习什么是市场经济、什么是公司制、什么是产权经济学，言必称科斯。

有人说，科斯及其产权经济学，对中国经济体制改革是最同步的，最有营养的，也是最有贡献的，这话一点都不假。

当时，很少有人把会计与产权直接挂起钩来。最多是某些学者在文章中偶然提及，或者在方法论和某些理念上加以融合。

其实，会计学就是为产权而生！为产权而死！

会计从一出生就嫁给了产权，从此相依为命，不惟同年同月同日生，也将同年同月同日死！

如果社会上不需要明晰产权，会计就根本没有产生的必要！

相反，如果没有会计学，人们之间、组织之间的产权也无从区分和明晰。人们的财产关系和人际关系，都会陷入无休止的纠葛之中。市场交易主体无法

确定，人们之间的激励机制也无法兑现，社会难以进步。

1992 年，我们适时地发现了会计与产权这一重要的“姻缘”关系。这一发现，正契合中国产权改革的关键时刻，与中国经济改革的核心内容完美同步，也非常有利于中国会计改革与经济改革的协同。

为此，我们利用以研究制度为特色的产权经济学（又称“新制度经济学”）对会计制度的改革展开跟进研究。《论公司制与会计变革》《会计改革与产权改革的相关性研究》《会计准则制定模式研究》《产权范式的会计研究》和《中国的过渡会计学：研究框架与现实评价》就是跟进的代表之作。2006 年 2 月 15 日，财政部发布与国际财务报告准则“实质趋同”的企业会计准则体系。近年来，“蓝天保卫战”和“一带一路”战略深入推进。我们运用产权经济学以及法和经济学的基本原理，较为系统地探讨了产权保护与公允价值（《产权保护、公允价值与会计改革》《产权保护、公允价值与会计稳健性》）、公共领域与会计变迁（《产权保护、公共领域与会计制度变迁》）、会计法律制度体系及其优化（《两大法系会计法律制度：架构、特征与适应性效率》《会计法律制度体系优化研究》）、国际趋同问题与财务报表列报改革（《产权保护、双重计量与三重列报》）、碳排放权的会计处理问题（《产权保护导向的碳排放权会计确认与计量研究》）以及“一带一路”地区准则趋同问题（《会计准则国际趋同提升了资本市场效率吗？——来自“一带一路”亚洲地区主要资本市场的经验证据》）等等。可以说，我们站在经济改革的最前沿俯视着会计改革、检视并指引着会计改革的整个路径。

我们的研究方法和成果得到著名新制度经济学家茅于轼教授的高度认可和支持，并欣然以《中国会计学产权学派的兴起》为题为《产权理论与中国会计学》一书作序。

与此同时，在市场经济和产权经济提出伊始，我们适时提出并论证了“财权流”理论体系，认为财权是现代财务区别于传统财务的根本标志，也是财务主体区别于会计主体的根本砝码。通过财权理论的确立，使会计和财务在产权功能上产生分工，两者分别承担界定产权（外延）和支配产权（内涵）两大重要使命。

我们把“资源配置”和“财权配置”作为财务两大基本职能，以“财权配置”为核心构建了“财务治理结构”理论，创新性地论证了“企业治理以财务治理为核心”的思想，得到同行学者的一致认可和发扬。相关研究成果在《财政研究》杂志发表论文5篇（《现代财务理论的产权基础》《现代财务理论体系：基于价值与权力的融合研究》《财权起点论：财务研究逻辑起点的现实选择》《财权流：财务本质的恰当表述》《财务主体理论的经济学基础》），并在《中国会计年鉴》连续四年连载。

我们紧跟经济改革的时代步伐，就其涉及需要破解的财务、会计和审计难题展开课题攻关，取得了可喜成果。如以产权配置与交易为特征的环境会计与审计问题（2011年国家社科基金重点项目）、财产权利与会计制度（2015年国家社科基金项目）、会计学的产权变革研究（2011年中国博士后科学基金项目）、产权保护、审计监督与国家经济安全审计问题（2011年国家社科基金项目、2012年中国博士后科学基金特别资助项目、2015年财政部全国会计重点项目）、产权财务研究（2009年中国博士后科学基金项目）、国有企业公司化与公司治理中的财务问题（债转股、国有股减持、管理层持股，1998年和2001年国家社科基金项目）、居民财产性收入增加与保障问题（产权与财务的结合、2008年国家社科基金项目和2018年国家社科基金重点项目），促进和服务了当时的经济改革。如近年来我们连续5次向全国政协提交相关提案［如“关于应对金融危机，急需尽快提高居民财产性收入的提案（2009）”“关于逐步确认农民土地所有权，增加农民财产性收入的提案（2012）”“关于确认农村居民宅基地产权的建议（2017）”］，多家中央主流媒体作出报道，相关重要网站进行了专题视频采访并被上百家媒体转载，人力资源和社会保障部、住房和城乡建设部、中国人民银行、中国证监会等都积极回应答复，对相关政策的及时制定产生了直接的重要影响。

不唯如此，产权变革带来了经济的高速增长，但空气污染、水资源污染、土壤污染等系列环境问题也接踵而来。从2007年开始，国务院有关部门组织天津、河北、内蒙古等11个省（区、市）开展了排污权有偿使用和交易试点，2014年国务院办公厅发布《关于进一步推进排污权有偿使用和交易试点工作的指导意见》为排污权的确权、市场交易提供了法定依据。2013年北京、深圳、上海、重庆、天津、湖北、成都均开始基于碳排放总量控制下的一级市场碳排放配额交易的试点。2016年1月22日，发改委办公厅印发《关于切实做好全国碳排放权交易市场启动重点工作的通知》，旨在协同推进全国碳排放

权交易市场建设。2017年，我国启动了全国碳排放权交易，开始实施碳排放权交易制度。2013年，党的十八届三中全会提出了“探索编制自然资源资产负债表，对领导干部实行自然资源资产离任审计”。显然，环境产权的配置已经成为解决环境治理中至关重要的突破口，在此背景下，探讨环境产权的配置、会计确认与计量、基于环境产权行为创新审计模式，以及碳审计和自然资源资产审计等环境会计、审计前沿问题，既是对产权会计理论的传承，也是拓展与创新！

如果说，中国会计学有哪种理论最能跟进中国经济改革步伐，那么我们可以自豪地说，产权会计与财务理论体系当之无愧！

产权会计不是流派，也不是一种学说，而是会计学的灵魂！

一蓑烟雨任平生。我们为会计学而生，也必将为产权而死！

谨以此书献给《产权与会计》出版20周年，并致我们为产权会计奋斗的青春岁月！

作者

2019年6月

目录

第1章 绪 论

1.1 研究背景及理论与实践意义

1.1.1 研究背景

1896 年，瑞典科学家阿兰纽斯（Arrhenrius）提出“化石燃料将会增加大气中的二氧化碳的浓度，从而导致全球变暖”的假说，而人类社会 100 多年来的发展似乎正在证实该假说。20 世纪，全世界平均温度约攀升了 0.6 摄氏度，北半球的春天冰雪解冻期比 150 年前提前了 9 天，而秋天霜冻开始时间却晚了约 10 天。气候变暖带来的危害也越来越显著，从自然灾害到生物链断裂，涉及人类生存的各个方面。因而，气候问题已经从单纯的经济问题、技术问题，逐步发展成目前全球最大的政治问题。

为阻止全球变暖的趋势，1992 年联合国专门制定了《联合国气候变化框架公约》，开启了限制二氧化碳（CO_2）等温室气体排放全球合作机制。1997 年，《京都议定书》建立了国际排放贸易机制（ET）、联合履行机制（JI）和清洁发展机制（CDM）三类减排合作机制，允许排放额度在限制条件下开展碳排放权交易。其中，CDM 的核心内容是允许发达国家与发展中国家之间进行项目级别的减排量抵消额的转让与获得，这也是后来碳排放权交易机制产生的基础。但由于它只对发达国家的减排制定了具有法律约束力的绝对量的减排指标，而对发展中国家没有明确要求，导致 2009 年哥本哈根和 2012 年多哈召开的世界气候大会，因各国利益分歧太大而没有达成有法律约束力的协议，CDM 遭遇了前所未有的危机。2015 年 6 月，巴黎世界气候大会改变了谈判模

式，达成了《巴黎协定》。原来的谈判都是自上而下的模式，先谈减排目标，再往下分解，而《巴黎协定》确立了2020年后，将以“国家自主贡献”（INDC）目标为主体的国际应对气候变化机制安排，这是一种典型的“自下而上”的谈判模式，标志着全球气候治理将进入一个前所未有的新阶段，具有里程碑式的非凡意义。而这一变化，正契合了以科斯教授为代表的产权学派的环境治理思想，即从传统的限制排放发展到排放权交易的环境产权治理思想。

在巴黎气候大会上，中国政府向联合国气候变化框架秘书处提交应对气候变化的国家自主贡献文件，承诺“单位国内生产总值温室气体排放到2030年在2005年的基础上减少60%～65%，CO_2排放在2030年左右达到峰值并争取尽早达峰；非化石能源占一次能源消费比重达20%左右。”为了实现这个目标，体现一个负责任大国的态度，2015年11月中共中央印发了《生态文明体制改革总体方案》，提出建立健全自然资源资产产权制度、建立国土空间开发保护制度、建立空间规划体系、完善资源总量管理和全面节约制度、健全资源有偿使用和生态补偿制度、建立健全环境治理体系、健全环境治理和生态保护市场体系、完善生态文明绩效评价考核和责任追究制度。到2020年构建起由这八项制度构成的产权清晰、多元参与、激励约束并重、系统完整的生态文明制度体系，推进生态文明领域国家治理体系和治理能力现代化，努力走向社会主义生态文明新时代。同时宣布于2017年启动全国碳排放权交易市场，相关的制度设计和体系建设正在逐步推进。全国碳排放权交易市场建设目标非常明确，就是要建立有效的管理机制，出台完善的规章制度，确定纳入的企业名单，完成碳排放配额初始分配，建立公平的报告核查制度，稳步启动市场交易①。要完成这个目标时间非常紧迫，各方面的基础能力还有待进一步加强，在这个大背景下，本书提出构建以产权配置与交易为基础的环境审计体系，具有十分重要的理论意义和实践意义。

1.1.2 理论及实践意义

建立全国碳排放权交易市场，是运用市场机制控制温室气体排放的有效手段，而市场机制要顺利运行，需要一个完善的审计监督体系。因此，环境审计

① 张勇：《在全国碳市场建设工作部署电视电话会议上的讲话》，2016年3月23日。

作为环境管理和产权保护的重要工具，受到各国政府、机构组织、企业和非营利组织的关注。但是，面对的所谓环境审计实际上只是把传统的财务会计的审计转移到环境审计过程中来，针对各种环境建设活动中的财务问题进行审计。然而，面对环境政策变化以及环境审计业务的增多，环境审计涉及诸多新的环境问题，传统的审计工作显得无能为力，这也直接导致了目前环境审计陷入如下困境：第一，当前“单向三方审计关系”模式只是利用传统审计方法进行环境财务收支、合规性、环境项目等方面的审计活动，无法调和经济组织的所有者追求短期经济行为与生态环境可持续发展之间的矛盾，致使环境治理陷入恶性循环的困境。第二，现有环境审计的对象仅局限于由经济范畴拓展的环境资源范畴，而未扩充到非经济范畴的环境资源范畴，致使当前环境审计仍主要是国家各级审计机关针对市场失灵情况下政府运用财政资金的财务收支审计、环境保护项目绩效审计等倾向经济性产权行为的再界定、再保护，然而对排污权、碳交易权和资源产权等非经济性的环境产权行为的再界定、再保护，则处在“隔靴搔痒”的困境，尤其是在政府机制失灵的情况下，更是加剧了这种困境。第三，环境会计准则未出台、会计计量方法难度大、环境信息披露水平低、环境审计规范滞后，这些都无法满足审计需求，因此如何借鉴环境技术计量与监测结果作为资源环境审计的技术依据，建立一套既能够适应环境形势变化需要，又不必等到环境会计准则出台的环境审计模式，显得极为迫切。第四，目前主流的“零嵌入性”的“经济控制论”的现代审计本质，将审计纳入组织委托方产权延伸或衍化部分，呈现出要求审计方具有“超然独立”的精神规范与其实际更多倾向利益提供方的非独立审计行为相矛盾，以致出现了环境审计市场的“柠檬现象”。因此，要想彻底从本源上解决“柠檬环境审计市场”的弊端，则需要从企业定义入手，从“弥补组织契约不完备性的审计本质”来破解非均衡环境产权行为利益博弈格局（“柠檬环境审计市场”），以再造审计方行为利益博弈均衡与其“超然独立”的精神规范相呼应的新环境审计模式。第五，尽管学术界对石油天然气资源、矿产资源和森林资源等资源产权的会计处理有了初步探索，但是资源产权审计却并未引起审计理论界与实务界的足够重视，未能从“嵌入性立场”对环境资源的委托行为与受托行为的环境审计监管现实问题展开深入探索。这种探索将在传统受托责任审计的“单向三方审计关系”基础上，依据超契约权利与义务对等性及环境审计市场

公平交易原则，将称之为第四方的“自然状态”的社会环境方引入具有边际收益递减性的环境审计契约中，形成“双向四方环境审计关系”的新环境审计模式，体现“再造”的内涵。

基于上述传统环境审计模式面临的困境以及对全球环境治理问题的解决方法的思考，国内外很多学者纷纷对环境审计的基本理论：环境审计的本质、概念、主体、假设、目标、职能等内容展开研究，推动了环境审计模式的发展。但毋庸置疑，绝大部分研究仍承袭适用于主流经济学的总体假设：完全低层次需求，在其假设下的经济控制论或者经济责任论的环境审计本质，仍然在经济契约范畴内进行“单向三方审计关系”的推演，并没有完全解决“审计市场中的审计关系的现实角色与理想角色错位现象存在一定普遍性”的问题。最近十多年来，环境审计模式、环境产权及其行为等相关问题逐渐成为研究热点。随着人们对环境问题的关注，由企业内部走出的环境审计已经到了内外有机组合且形成符合“双向四方环境审计关系”的新环境审计模式之际。本书借助环境产权行为基本单位来描述环境资源市场的环境资源产权交易活动以及为维护环境资源配置秩序而进行的环境资源产权配置的计划活动，在吸收前人的研究成果精华的基础上结合中国社会经济发展的实践，再造有别于目前“单向三方审计关系”的主流环境审计模式的“双向四方环境审计关系”的新环境审计模式。这符合中共十八大报告中关于“加强环境监管，健全生态环境保护责任追究制度和环境损害赔偿制度”的“中共十八大精神”。因此，在环境逐渐成为世界政治性问题的背景之下，开展对“双向四方环境审计关系”的新环境审计模式研究，既具有丰富的学术价值，又具有重大的社会应用价值。

（1）理论意义。

对环境审计的理论前提、本质、概念、主体、内涵、环境产权以及模式等方面的文献进行了梳理，其中涉及环境学、环境经济学、环境管理学、循环经济学、产权经济学、企业经济学等相关理论，形成了大量研究成果，为本书研究奠定了基础。对比前人研究成果，本书从如下三个方面的研究中予以突破：一是环境产权行为理论作为一个单独的研究领域，从环境审计市场供给与需求的双方关系来探索环境产权有效配置，但这些研究都比较零碎，没有系统化；二是未能解决符合知识经济时代的环境审计本质问题，因此承袭传统审计本质来构建“单向三方环境审计关系”的传统环境审计模式，很难解决现代环境审计所面临的复杂的现实问题；三是目前环境审计模式仍然承袭古典经济学的完全低层次需求假设，很少从超需求（超需求是指针对马斯洛层序需求而言，它描述在人类社会中同时存在低层次需求与高层次需求之分，它们不是相互隔离，而是始终存在着由低层次需求向高层次需求攀升演进，由此而形成由不同需求层次链接而成的超大需求，简称“超需求”。）层次假设下研究体现“双向四方环境审计关系”的新环境审计模式。

（2）实践意义。

目前环境审计的理论研究以及准则制定，仍然拘于传统审计理论的定位。这种定位符合一个单一的经济系统中的环境审计问题研究，然而一个集环境、经济、社会等诸多问题于一体的复杂体系，其中涉及多重复杂的产权关系，仅仅靠“单向三方审计关系”的传统环境审计模式是很难驾驭的，无法调和经济组织利益相关各方所追求的短期经济行为与生态环境可持续发展的长期环境行为之间的矛盾，致使环境治理陷入恶性循环的困境。这不仅给“双向四方环境审计关系”的新环境审计模式再造带来新的理论契机，而且为中共十八大报告中所提出的“加强环境监管，健全生态环境保护责任追究制度和环境损害赔偿制度”提供了理论支持。

1.2 本书研究来源及主要研究内容

1.2.1 本书研究来源

本书研究主题来源如下：（1）世界性环境问题导致人类面临经济可持续发展危机和生态环境良性循环可持续运行危机的现实；（2）中共十八大报告中指出“加强环境监管，健全生态环境保护责任追究制度和环境损害赔偿制度”；（3）现实环境问题中，政府作为公共环境资源配置的实际主体，对政府环境责任的问责审计兴起；（4）以人权为本的“互联网 +”环境审计行为计划促进了对私有环境资源配置实际主体的环境责任问责审计悄然来临。

1.2.2 本书研究主要内容

本书研究的主要内容包括三个方面，一是环境产权实务与会计基础，二是

基于环境产权行为的新环境审计模式再造，三是基于碳排放权、自然资源资产产权的环境审计的实务。具体包括：

第1章为绪论，指出本书研究背景、研究理论与实践意义，本书研究来源和主要研究内容、研究对象和研究目的、研究方法和研究技术路线。

第2章、第3章对环境产权的配置与交易现状、会计确认、计量与报告开展研究，为基于环境产权的审计模式创新奠定基础。会计在确认产权性质、计量产权价值、反映产权运动、披露产权信息中具有不可替代的作用，本书将碳排放权的配置和交易纳入会计核算范围，在会计报表中予以反映和披露。

第4章、第5章、第6章主要依据以科斯（Coase）为代表的产权学派环境治理的思想并借鉴环境计量与监测技术，对基于环境产权行为的环境审计模式再造进行研究。首先，对国内外环境审计研究进行综述，以其作为本书再造环境审计模式的理论观点依据，从契约理论、产权理论、公共物品理论、外部性理论、可持续发展理论、大循环成本理论以及环境资源价值理论中的具体理论观点提炼萃取再造环境审计模式所需其他理论观点，为再造环境审计模式给予理论支撑；其次，从弥补超契约非完备性视角分析环境审计本质，即从“单向三方环境审计关系”中求解出：只有具有边际收益递减性的环境审计制度才能维护与实现“超然独立”的环境审计本质特征。最后，为了确保环境审计的“超然独立”本质特征，实现环境审计主体在利益上公平独立，本书研究将当前审计理论所忽略的且称之为第四方的环境社会委托方引入传统环境审计关系之中，由环境审计方为环境审计社会委托方、环境审计组织委托方以及通过层级代理最终形成的环境审计组织受托方提供环境审计服务，构建了具有边际收益递减性的“双向四方环境审计关系”的环境审计契约。在此基础上，再造具有“双向四方环境审计关系”的新环境审计模式，并对此新环境审计模式的特征与功能进行分析，展示了新环境审计模式的价值之所在。

第7章、第8章基于碳排放权建立企业低碳审计的技术框架与实施路径，从企业层面，我们首先研究企业碳足迹审计的分类、碳足迹的计算方法及其存在的问题分析、碳足迹评估规范与技术标准及其适用、企业碳足迹审计标准应用的国际比较、我国企业低碳审计技术应用的案例分析、我国企业低碳审计的技术标准体系建设；其次，构建我国企业低碳审计的进化博弈模型；最后，在此基础上探讨我国企业低碳审计发展的路径。

第9章提供环境产权审计的最新应用领域，即自然资源资产离任审计，自然资源产权既是当代人的，也是未来人类的，自然资源资产离任审计已经过试点，并全面推行，本章探讨实务中存在的问题，并提出应对之策。

第10章为研究结论与政策建议。

1.3 研究对象和目的

1.3.1 研究对象

基于由自然环境承载人类经济、社会活动过程中，因自然资源多重属性缔结而成的超契约视角，将当前审计理论所忽略的且称之为第四方的“自然状态”的社会环境方引入环境审计契约中，按照环境审计服务市场的公平交易原则，利用委托代理模型解析了具有“双向四方环境审计关系”的新环境审计本质：弥补超契约非完备性。以新环境审计本质为逻辑起点，结合徐政旦教授的审计理论模式分析由受托环境审计模式和委托环境审计模式所构成的新环境审计模式。本书再造环境审计模式的研究对象不仅包括经济契约范畴内的环境审计事项，而且包括经济契约范畴以外的环境审计事项，也就是本书所提出的超契约范畴。传统环境审计研究对象仅限于环境资源的经济性一元产权，而本书研究对象针对环境资源的经济、社会以及环境的三元产权，涵盖对理论与实务的双重探讨。

1.3.2 研究目的

为了解决传统环境审计所面临的困境以及“审计市场中的审计关系的现实角色与理想角色错位现象”，达到遏制或解决目前成为世界性难题的环境问题，本书总体目的就是根据以科斯教授为代表的产权学派环境治理的思想在“单向环境审计关系”传统环境模式基础上再造一套完整的具有“双向四方环境审计关系”的新环境审计模式。一方面，它将当前审计理论所忽略的且称为第四方的“自然状态”的自然环境方引入环境审计契约中，将不同类型的环境产权行为及其行为结果均纳入环境审计的对象之中，以确保贡献者获益，侵害者受损；无贡献而“搭便车”获益者应付费用，无侵害而无辜受损者应获补偿，最终在理论上解决环境审计理论与实务“两张皮”的问题，也就是

从再造的环境审计模式上彻底理清环境产权行为动因与环境产权行为结果之间的逻辑状况；另一方面，对环境产权行为的清晰界定则依赖于建立针对环境技术计量与监测的一系列识别环境资源产权行为，同时对行为边界的规则做了初步探索，基于这些规则研究建立起来的再造环境审计模式指导下的环境审计实务操作指南，为后续研究指明了方向。

1.4 研究方法和研究技术路线

1.4.1 研究方法

(1) 规范研究法与历史文献研究法相结合。

对环境审计模式的研究现状及其基础理论的综述部分采用历史文献研究法，而对其评论的部分主要采取演绎与归纳的规范研究法。

(2) 规范研究法与案例分析法相结合。

为了加深对再造环境审计模式逻辑起点的环境审计本质的深刻理解，对环境审计本质的理论解析采取演绎与归纳的规范研究法，同时基于规范研究法基础对体现环境审计本质特征的环境审计服务价格采用案例分析测算其价值的大小。

(3) 规范研究法。

对于环境审计模式的再认识，在前述分析的逻辑基础上，采用归纳与演绎的规范研究法，从理论上论述了对再造新的环境审计模式理论体系的认知。

(4) 规范研究法与实证研究法相结合。

在对环境审计模式理论体系的认知基础上，采用演绎与归纳的规范研究法再造新的环境审计模式，并在此理论分析的基础上对该再造环境审计模式采用实证研究法进行科学性与合理性检验，通过对新环境审计模式的展望论述，对规范研究法与实证研究法相结合的研究结果做出总结性、前瞻性的分析。

1.4.2 研究技术路线

基于前述的研究内容及其所采取的研究方法，勾画出本书的研究技术路线如图 1.1 所示。

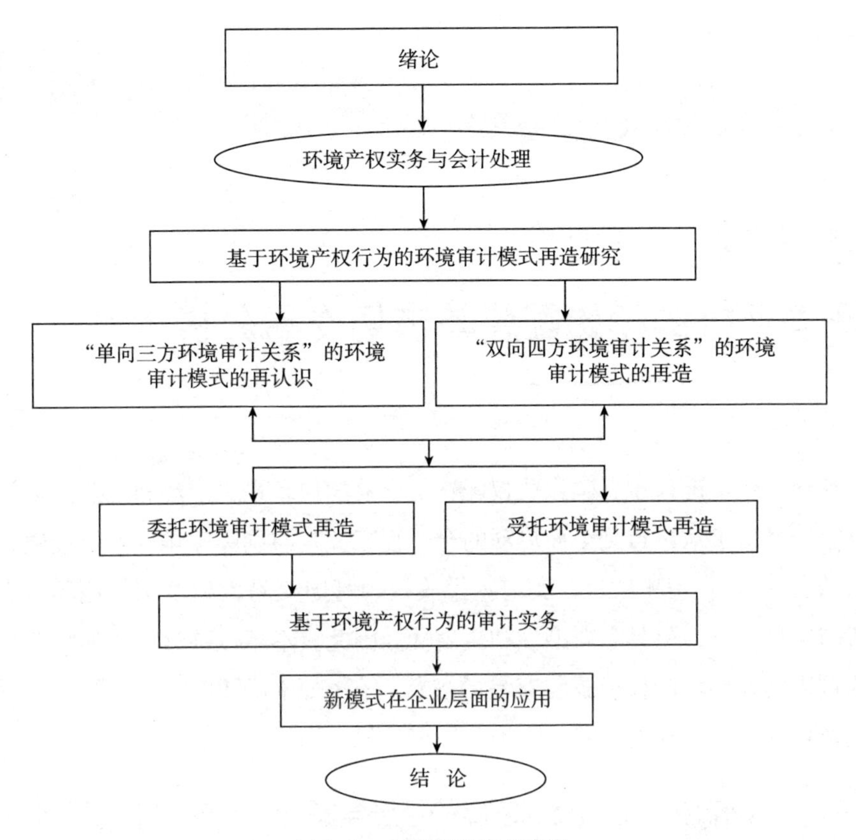

图 1.1 本书研究技术路线

第2章 环境产权的初始配置与市场交易分析

在众多环境产权中，碳排放权配置与交易的启动最为广泛和活跃。全国碳交易市场经历了从试点到全面启动的全过程，并且与国际碳排放管控接轨，通过清洁发展机制 CDM 项目，实现碳排放权的跨国交易，相对于其他环境产权配置与交易而言，更具有典型性和代表性。因此，本章以碳排放权的配置与交易为例来阐释环境产权配置与交易的现状、存在的问题以及相应的完善措施。环境产权配置与交易的完善，将为环境审计的全面推开奠定基础。

2.1 碳排放权市场交易制度的经济学解释：从庇古税到科斯定理

2.1.1 碳排放的外部性问题

所谓外部性，是指一个人的行为使得其他人受损或受益，却没有承担相应的责任或获得相应的报酬，包括外部经济和外部不经济两种情况。企业生产过程中超额排放 CO_2 等温室气体就是一种典型的外部不经济行为。如图 2.1 所示，假设社会对钢材的需求曲线和边际收益曲线为 D = MR，企业生产钢材的边际私人成本曲线为 MC，很显然从企业本身来说，最优的生产量应该为边际成本曲线 MC 与边际收益曲线 D = MR 相交时所对应的产量 Q^* 。但是，企业在生产过程中排放了废气、废水、废渣等，被污染的环境需要社会来进行治理。假设治理成本为 ME，社会边际成本曲线为 MC + ME，位于私人边际成本曲线的上方。为使社会利益达到最大，产量应为社会边际成本曲线与边际收益曲线的相交时对应的产量 Q^{**} 。很显然它低于 Q^* ，超出的部分对整个社会来说就是不经济的。

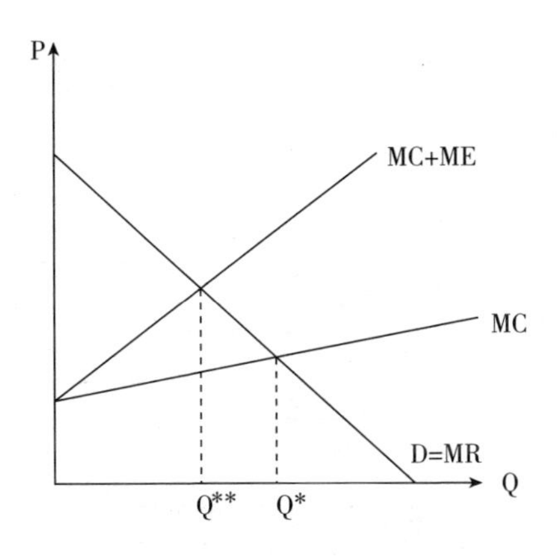

图 2.1　生产的外部不经济

2.1.2　庇古税

如何设计一种制度来纠正或减低这种外部性，或者说让外部性的作用内部化，一直是经济学家们研究的重点。1920 年，英国经济学家庇古（Pigou）首次提出，可以通过税收的方式来弥补私人成本与社会成本之间的差距，从而使两者相等。因此现在人们把针对污染物排放所征收的各种税费称为庇古税。

庇古税的作用就在于，使企业生产过程中环境污染等外部性影响内部化，促使企业降低产量，减少污染。如图 2.2 所示，如果企业的产量仍保持在 Q^*，那么其需要缴纳的税费可以用区域 ACD 表示，这时边际成本线就与社会边际成本线完全重合了。但是对于企业来说，边际成本完全超出了边际收益，超出部分 BCD 是完全没有补偿的净损失。为了减少税收，企业就不得不降低产量至 Q^{**}，这时只需要缴纳区域 ABE 大小的税费，其边际成本在边际收益线之下，因而是可以接受的。

庇古税看似完美，但是在现实世界里却不可能成立，因为它是基于严苛的假设条件提出的。例如，要想准确地征税，政府就必须知道污染企业的私人成本和社会成本，从而确定适当的税费，但在现实中根本无法做到。再如，它假设污染企业的边际成本是不变的，然而在实际情况中企业的边际成本是不断发生变动的，这使得政府税收更加难以确定。这些难以实现的前提假设，使得庇

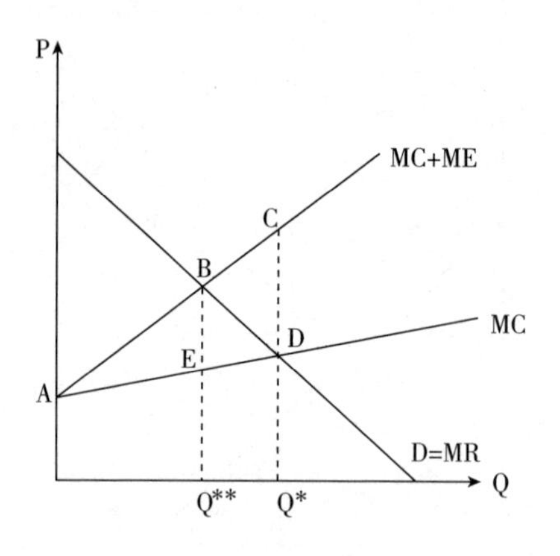

图 2.2　庇古税的作用

古税在实践中的效果并不明显。

2.1.3　科斯定理

关于科斯定理，一种最流行的定义是：只要财产权是明确的，并且其交易成本为零或者很小，则无论在开始时将财产权赋予谁，市场均衡的最终结果都是有效率的。很显然，相对于庇古税来说，科斯定理具有更大的适用性。首先，科斯定理承认企业有一定的发展权利，企业生产过程造成一定程度的污染也是社会发展的成本，不可能完全避免。其次，科斯定理强调用市场的方式来解决污染问题，而庇古税则是用行政命令的手段来解决。市场交易被认为是目前为止人类发现的交易成本最低的制度安排，如果交易成本为零或者很小，只要产权明确，市场总会找到成本最低的解决方案；如果交易成本不为零，那么不同的权利界定和分配，就会带来不同效益的资源配置，所以产权制度的设置是优化资源配置的基础（达到帕累托最优）。科斯定理对我们建立碳排放权交易市场有两点启示：一是要尽量减低市场交易过程的成本，做到信息充分披露、减少行政干预等基本要求。二是合理安排产权，由于现实中交易成本不可能为零，如果初始的产权安排不合理，可能会引起意想不到的结果。保护产权所有者的合法利益不受侵害，这是市场经济的基本准则。

从庇古税到科斯定理，人类在探求如何低成本实现减排任务的道路上不断前进，最终找到了市场经济这种交易成本最低的方式。但是，理论上的完善不一定意味着实践上就具有可行性，如何把完美的理论运用于社会实践，仍然面临着巨大的困难。这就需要我们不断完善、总结经验，设计出最合适的交易制度。

2.2 碳排放权政府初始配置分析

2.2.1 碳排放权交易的制度优势

中国（海南）改革发展研究院院长迟福林曾在《我国步入发展型社会的改革战略》一文中指出："解决资源环境问题制度建设至关重要。从现有的资源价格来讲，存在两个突出问题，一是不反映市场供求关系；二是不反映资源的稀缺程度，环境保护的突出体制缺陷，是环境的外部成本难以内部化。"资源价格被低估、环境因素被忽略不计曾是中国经济飞速发展的重要原因，但随着环境问题的日益严峻，同时用行政和市场两只手去平衡环境和发展的关系已成为我国经济转型的迫切需要。原有的单独依靠行政节能减排指令已无法适应现实需要，基于产权理论的碳排放权交易登上舞台。碳排放权交易不仅反映原本属于公共资源的环境资源的产权价值，而且通过市场的供求关系来调节环境资源的消耗，将外部成本内部化，构建以市场为主、行政为辅的新环保制度。

2.2.2 初始分配在碳排放权交易中的地位

碳交易是一种环境产权交易，交易品为碳排放权，没有随着附带在产权上的预期收益，就没有进行二次交易的意义，所以碳排放权产权确认是整个碳交易的起点。碳排放权不是凭空产生的，是《京都议定书》等一系列国家间协议用以完成全球减排目标的可定量、定价的实现载体，因而碳排放权在国家间、地区间的初次分配又是碳排放权产权确认的起点。

2.2.3 在全球碳权初始分配中争取主动权

虽然全球碳交易市场尚未成为一个整体，欧盟、美国等主要碳交易市场发展较早且执行的标准、规则大不相同，但在《京都议定书》等国际协议的约束下，各国对全球整个的减排目标已达成基本共识。随着全球经济一体化的加深，同一个地球的忧患意识加深，全球碳交易市场的整合统一已成为大势所

趋，这对于转型中的中国是个绝佳的机会。

能源是国民经济的命脉，而如今的能源竞争已不仅仅是经济问题，更是国家间的政治博弈。自2002年全球第一个碳交易市场建立至今，全球碳交易市场以每年100%甚至更高的增量爆炸式增长，2012年已超过石油市场成为全球第一大市场，即使欧盟的碳交易市场正经历寒冬，但全球范围内节能减排的趋势已势不可挡，碳交易作为市场与政治融合的产物，其政治意义、经济意义不可估量。在拥有资源总量、市场容量等优势下，我国更应抓住这次机会，参与各类政府间组织和活动，加大国际交流的广度和深度，在国际会议和政策制定等方面争取话语权。通过设立专项基金，主动承担责任，在资金援助、承办活动等方面争取合作权，进而在全球碳排放权初始分配中争取主动权。

全球国家间的碳排放权初始分配是构建全球碳交易市场的必经之路，国家分配到的碳排放权不仅是向下（省、市）分配、开展国内碳交易的前提，也是国家参与全球碳交易竞争的参考，更是承担全球减排义务的体现。依据中国的现实情况和未来发展目标，立足中国碳汇储备和碳市场容量，寻求与之相符合的碳排放权配额，在全球碳排放权初次分配中，做到“不推卸、不多担”，既要展现作为负责任大国应有的态度，又要灵活避让欧美等发达国家对中国的无理要求，既要为中国碳市场发展谋求更多的机会和空间，又要防止碳市场超阶段的过度繁荣。

同时，国家间的初始分配也是推进人民币国际化的绝佳机会。在全球碳交易中尚未统一“碳货币”，如果能够将中国碳交易在总量、空间等的优势与国家的政治经济优势相结合，牵头构建“碳排放权—人民币”体系，便可以争取我国在到新一轮碳金融体系中的主动权。

2.2.4 国内初始分配的基本原则

2011年，国家发改委决定上海、北京、天津、重庆、广东、湖北、深圳七个省市开展区域碳排放权交易的试点工作。在已公开的各省市试点方案中，我们发现各省市基本采用了“免费配额为主、必要的公开拍卖为辅”的初始分配模式，而当前全球几个主要碳交易市场也大多采用这种初始分配方式。

虽然这种初次分配方式可以降低进入碳交易的门槛，鼓励剩余碳排放权的交易，带来短期市场的繁荣，但实践证明，这种分配方式存在不少问题，甚至会为市场泡沫埋下隐患。例如，初次分配的碳排放权是基于历史碳排放量来计算的，那么随着技术进步和节能减排，分配到手的碳排放权会小于或等于历史碳排放量，很容易造成碳权过剩、供过于求，经过长期积累后会导致碳价下跌。同时，免费的碳配额虽然等同于白送的大礼，但尝到甜头的企业会对市场上二次交易的碳排放权的价格非常敏感，通常会衡量购买碳权减排和其他手段的成本，加之碳权价格的不确定性，从而直接影响碳交易市场的交易热度。

目前来看，没有比免费分配更好的初次分配手段，但应当取其精华去其糟粕，结合中国实际国情开展中国碳交易市场的奠基工作。初次分配不仅仅是分配碳排放权，随之分配出去的还有强制的减排责任、碳市场的参与资格以及预期带来的收益，初次分配是碳交易的起点并且贯穿始终，在国内碳交易初次分配中应把握“通用化、个性化、体系化”的原则。

（1）通用化。

碳排放权作为交易品，需要一套全国通用的核算标准，将碳排放权的价值量化并合理评估其公允价值，这是产权思想在治理环境问题中的特点，反观单纯的行政分配最终只能落到指令化的执行，走“先发展后治理”的老路，难以发挥市场的积极作用。国际上关于碳排放权的核算方法有成百上千种，我国也尚未建立统一的碳交易核算标准，拥有自主知识产权的核算标准更少，目前只有北京环境交易所开发出“熊猫标准”，但实践检验尚少。建立我国通用的碳排放权核算标准应考虑以下两点：一是标准要尽可能的直观、简便、层次分明，烦琐的标准不仅会加大交易的时间成本、人力成本，也不利于碳交易的推广；二是标准应预先考虑国际化，注意与全球市场的兼容性，独树一帜的标准虽然会提升国家信心，但差异较大的内外标准不利于碳权在国内外的流动，更会造成中国在全球碳市场的孤立。

（2）个性化。

在我国，大到东西部，小到省内地级市之间，都会存在经济发展不平衡的情况，这就要求每个地区承担不同的减排责任，发挥不同的市场角色。以湖南为例，长株潭城市群的经济发展水平要比湘西地区高得多，但并不意味着湘西在碳市场中处于劣势。湘西拥有丰富的林业资源，碳汇储量非常大，换算成碳排放权将是一笔很大的潜在收益。这就要求国家在向省级行政区分配、省级行政区向地级城市初次分配时，应充分考虑到地区间的个性化差异，既要公平、

一视同仁，又要“共同又有区别”，避免一棒子打死；既要考虑到地区的历史与当下发展，承担历史责任，又要预估地区未来的发展，保障经济质量；既要将碳市场的积极作用最大化，助力产业升级和经济转型，又要避免触及脆弱的经济基础，超越地区发展阶段，妨碍全面建成小康社会目标的实现。

（3）体系化。

初次分配将推动碳交易各方面的完善和落实。市场虽然有“无形的手”，但碳排放权与普通交易品不同，碳权交易的根本目的是减排而非获利，单纯依赖市场的自我调整以及参与者的投机心理、从众心理、获利心理，难以反映市场的供求关系，会致使本末倒置甚至“无疾而终”。初次分配既是参与各方了解碳交易的过程，也是从行政减排到市场减排转变的过渡过程，为碳市场的铺建提供宝贵的经验和磨合期，应当从认识、认证和监管三方面同时推进。认识，就是通过组织培训、发放资料、广告宣传等多种手段普及碳交易知识，培养碳交易所需的各类人才。认证，就是构建碳交易市场信誉体系，引入诚信档案、建立行业公会、制定交易规范、发布市场标准等。监管，就是逐步设立从国家到地方的各级专项监管部门，与环保部门、第三方监督机构、银行等金融机构、交易所、新闻媒体、社会公众联合搭建碳交易市场监督体系，出台相关法律法规和行业规范，对官商勾结、强买强卖、恶性竞争等违法违规行为从严从快处理。

初次分配在整个碳交易中发挥着“牵一发而动全身”的关键作用，初次分配不仅要公平公正，更要宏观把握、微观执行、合理评估、因地制宜、遵循市场规律，力求从源头规避供求失衡、“虚假繁荣”等问题。

2.3 碳排放权交易分析

2.3.1 我国碳排放权交易的发展

碳排放权交易是一种新兴的环境产权交易，自《京都议定书》实施以来，全球碳排放权交易市场发展迅猛。国内碳交易也方兴未艾，截至2013年2月，我国在联合国已注册项目3574个，占全球总量51%，是世界上最大的CDM供应国。但世界银行的数据显示，在2009年，中国占全球碳交易市场的份额却不到1%。我国亟须构建具有中国特色的碳交易市场，完成从碳排放权的“供应大国”向“交易大国”转变。我国“十二五”规划明确表示要“探索建立低碳产品标准、标识和认证制度，建立完善温室气体排放统计核算制度，逐步建立碳排放交易市场”。2011 年 10 月，我国发改委明确在北京等七个省市进行区域性的碳排放权交易试点，2013 年我国碳排放权交易市场正式起步。2015 年 12 月，国际社会达成了具有里程碑意义的《巴黎协定》，为 2020 年后全球应对气候变化行动提供了依据，同时也为包括中国碳市场在内的全球碳定价体系发展壮大提供了强大的推动力。

2.3.2 我国碳交易市场存在的主要问题

目前各省市碳市场仍以二级市场现货交易为主，主要交易产品包括碳排放权配额和经审定的项目减排量两大类。综合各地情况来看，主要存在以下问题。

（1）碳交易市场规模小，国际地位不高。

根据世界银行预测，2017 年各地碳市场将覆盖全球约 360 亿吨碳排放总量的 18.36%，共约 66 亿吨。而正式启动的中国全国碳市场将贡献其中一半以上的覆盖量，大约在 30 亿~40 亿吨，在覆盖规模和影响范围方面将成为全球第一大市场。截至 2016 年底，包括福建在内的各省市二级市场线上线下共成交碳配额现货接近 6400 万吨，较 2015 年交易总量增长约 80%；交易额约 10.45 亿元，较 2015 年增长近 22.1%。截至 2016 年 12 月 31 日，全国试点的碳排放权交易市场的累计成交量达 1.16 亿吨，累计成交金额接近 25 亿元，2015 年全球碳交易量超过 60 亿吨，交易额超过 500 多亿美元。尽管相对于 2015 年国内碳交易总量和交易额度都有大幅度的提高，但与世界银行预测的覆盖量相比还有相当大的差距。尽管目前我国碳市场总体还处于发展的早期阶段，但国内外都对即将建成的全国统一的碳市场抱有高度期待，估计它将超过欧洲和美洲成为世界最大的碳市场，因此各方都希望它能够在合理定价、引导清洁投资、推动产业转型等方面发挥重要作用，在引领国际低碳产业合作、共同应对全球气候变化等方面起到更显著的作用。

（2）碳交易市场环境不成熟，交易风险难以防范。

当前，国际专业化碳交易机制逐渐转移到碳排放权交易市场，与发达国家相比，国内正在兴起的碳交易市场不论是先期开展的现货交易还是未来开展的

期货交易，其整个交易过程都充满风险，主要包括核证风险、交收风险、企业安全生产风险、违规交易风险、金融风险等。我国碳交易的市场环境还不成熟，缺少与碳交易相关的法律、法规，交易制度和流程等也需要不断优化，中介服务组织更是明显发展不足。就碳交易市场的价格生成机制来说，当前国内各个交易所在实际交易中仍有多数是以商谈的方式形成交易价格，这主要是因为政府在交易中依旧处于主导地位，从而对市场的培育力度不够，交易主体范围狭窄，交易价格不稳定（2016 年国内几大碳交易所的碳价格为例，碳价格最高的是北京，均值大约在 50 元/吨，其次是深圳，均值大约在 40 元/吨，广东、上海、重庆集中在 10 元/吨以下）、不透明等问题。此外，中国的整个市场经济体系仍在发展完善之中，这对于正在建设的碳交易市场体系也产生一定阻碍。

2.3.3　发展我国碳交易市场的建议

在总结我国碳交易试点经验的基础上，我们应当借鉴国外先进做法，尽快建立全国统一的碳排放交易市场。

（1）在碳排放交易基础上，进一步完善全国统一的碳汇交易市场。

目前试点还局限在排放单位对碳排放量进行交易。但我国有大量地区虽然没有排放却生产大量“碳汇”，形成大量的环境资产“增量”，而这些增量并没有进入交易系统，让其产生应有的收益。因此，应尽快给生产环境资产的地区分配碳汇增量，用于其他需要碳排放的单位购买，从而取得必要的经济补偿。这不仅鼓励了部分地区保护环境、美化环境的积极性，也在全局上促进了环境资源利用和保护的地区公平性，从根本上鼓励全社会节约和创造环境资源。

（2）注重顶层设计，积极完备制度建设系统。

碳市场的健康稳定运行需要一套成熟完备的政策法规体系来支撑，包括碳排放总量控制、碳排放配额管理、碳排放权交易、碳排放报告、第三方核查等重要制度法规以及相应的惩罚措施。在此框架下，为实现完整的碳交易闭环运行，国内碳市场要积极建成并完善温室气体排放数据填报系统、注册登记系统和电子交易平台系统，碳排放数据报送、第三方核查、排放配额核定与发放、配额交易和清算（履约）等环节的碳交易流程。在总量控制方面，结合各个地区碳排放构成特征，实行绝对总量和相对强度控制相结合、直接排放和间接排放相统筹的碳排放管控机制，多措并举控制碳排放总量。在配额管理方面，坚持适度从紧的原则核发既有设施排放配额，既有设施碳排放量应实现逐年下降的目标；对于新增设施的配额应该以国内外最严格的标准予以核定，每年发布各个行业的碳排放强度最优值，强化对新增设施排放功能的要求。同时，国内碳市场要切实重视碳排放数据的质量与控制，建立系统严密的碳排放监测核算/报告/核查体系（MRV）制度。为覆盖行业建立统一的碳核算方法和渠道，建立企业碳排放数据电子报送平台。将交易单位历史排放数据的报送与核查、复查完全分开，以确保数据的质量，实现碳排放报告与企业能源消耗数据的一致。

（3）注重市场监管，执法严格公平公正。

为了保障履约，应建立严格的处罚措施。例如北京市碳市场就设立了严格的罚则，并在全国试点省市中率先开展执法工作。通过严格执法，对未按照规定上报排放报告和核查报告的排放单位进行责令改正，对未按照规定履约的重点排放单位下达责令限期完成履约的通知并开展碳交易执法。北京碳市场的平稳活跃，主要得益于严格规范的执法。

（4）多管齐下，大力提升市场流动性。

注重开放包容，鼓励更多主体参与。以北京为例，北京市参与碳排放交易的排放单位范围广、类型多，不仅覆盖了电力、热力、水泥、石化等7个传统污染严重的行业，还包括高校、医院、政府机关等社会公共机构。从参与企业性质来看，北京试点在7个试点省市中参与交易的央企数量最多，外资及合资企业也占有较高比例，其中包括多家世界500强企业。此外，还有不少金融投资机构参与，这对增强市场流动性、提高交易量发挥了积极作用。

2.4 碳排放权定价分析

2.4.1 《巴黎协定》后国际碳定价发展现状

从1997年《京都议定书》签订到2016年《巴黎协定》正式生效，全球碳市场从孕育到壮大走过了近20年发展历程。截至2016年底，全球范围内已经启动的国家及区域碳市场主要包括：中国的七省市碳交易试点（北京、天

津、上海、重庆、湖北、广东、深圳）和四川、福建碳市场，日本的东京都和埼玉县碳市场，美国的加州碳市场和覆盖东部9个州的区域温室气体减排行动（RGGI）以及欧盟、新西兰、瑞士、韩国、加拿大魁北克等地碳市场。正在考虑建立碳市场的国家有巴西、智利、墨西哥、俄罗斯、泰国、土耳其、越南、哈萨克斯坦、乌克兰等。

全球碳市场的迅速发展实际上是自2005年1月1日欧盟碳交易机制（EU ETS）实施开始的。根据世界银行2005年以来每年出版的《全球碳市场现状与趋势》报告，1998年至2004年全球碳市场交易量从1900万吨增长至1.2亿吨，2005年包括碳配额和项目减排量在内的交易量则一举突破7亿吨，交易总额超过108亿美元，其中碳配额交易量3.29亿吨，交易额82.8亿美元。在随后数年间，国际碳市场在经济景气的推动下量价齐升，画出了一条异常陡峭的增长曲线，碳配额交易额4年间从82亿美元猛增到1263亿美元，年均增长1.48倍，碳市场也因此曾一度被过分乐观地认为将取代石油成为世界头号大宗商品市场。不过市场高点很快到来，2011年全球碳市场交易额率先冲到了高点（1760亿美元），到2013年交易量也冲到了高点（104亿吨，比2011年略高）。随着欧债危机持续，全球经济下行以及《京都议定书》第二阶段各国减排政策一直难以明朗，国际碳市场的乐观氛围迅速被悲观预期所取代，碳价迅速下滑导致交易量和交易额双双暴跌，目前全球碳市场在宏观经济普遍疲弱的背景下整体处于弱市盘整状态，2015年交易量仅有60多亿吨，交易额只有500多亿美元（如图2.3所示）。

2.4.2 《巴黎协定》后国内碳定价发展现状

2013~2014年，我国在七个省市试点的碳排放权交易市场陆续开市，市场交易活动平稳有序，迄今已相继顺利完成两到三年的履约工作。2016年12月16日和22日，四川和福建两个非试点地区的碳市场也相继开市，并分别实现了中国核证自愿减排量（CCER）和福建省碳排放权配额的首批交易。但是，目前我国各省市碳市场仍以二级市场的现货交易为主。2016年，包括福建在内的各省市二级市场线上线下共成交碳配额现货接近6400万吨，较2015年交易总量增长约80%；交易额约10.45亿元，较2015年增长近22.1%。CCER交易量由于各试点碳市场公布的内容及口径不一，缺乏线上线下全国全

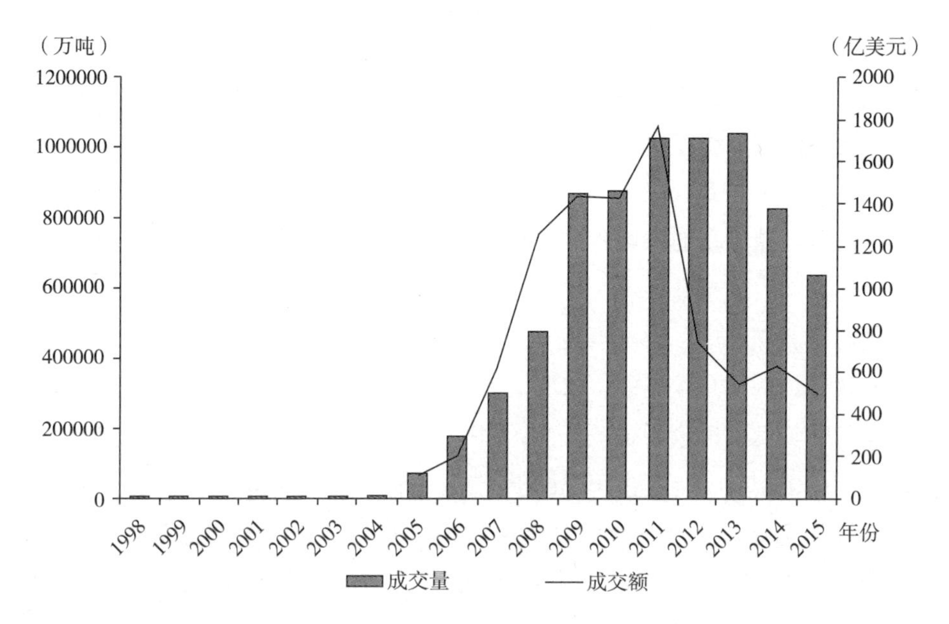

图 2.3　全球碳价格走势

资料来源：世界银行，《全球碳市场现状与趋势》（2005 ~ 2015 年），北京环境交易所整理。

口径的公开统计数据。目前我国市场交易日趋活跃，规模逐步放大。其中，北京碳市场配额累计成交量为 1259.58 万吨，累计成交额为 47439.51 万元，分别占全国总量的 10.85% 和 18.98%。配额累计成交量及成交额最高的是湖北，分别为 3707.37 万吨和 79521.13 万元，占全国总量的 31.95% 和 31.81%。

受履约期和控排企业冲刺履约行为等影响，各试点碳市场上线公开交易成交价格大多会在履约期冲高后滑落，不但试点市场内部月度波动较大，而且试点市场之间的年度成交均价也相差甚大。其中，北京碳市场价格最为稳定，三年期间最高成交均价为 77 元/吨（2014 年 7 月 16 日），最低成交均价为 32.4 元/吨（2016 年 1 月 25 日），年度成交均价基本在 50 元/吨上下浮动。其他地区成交均价则波动较大，其中全国最高成交均价为深圳碳市场的 122.97 元/吨（2013 年 10 月 17 日，当日收盘价为 130.9 元/吨），最低成交均价为上海的 4.21 元/吨（2016 年 5 月 16 日，当日收盘价为 4.6 元/吨）。

2.4.3 《巴黎协定》后国内碳定价存在的主要问题

（1）我国在国际市场缺乏定价权。

尽管中国每年生产出大量的核证减排量，但是主要参与的是CDM一级市场交易，很难参与到一级市场的场内交易中去。也就是说，中国在CDM市场上仅仅是核证减排量的供给者，本身并不享有定价权。同时，中国的金融机构实际上还没有大规模开展碳交易相关业务，碳金融发展明显落后，在国际碳交易市场规则的制定中，很少有发言权。比如，在现有的CDM机制下，主要的第三方认证机构多是欧洲的，CDM之外的规则，如自愿碳标准、黄金标准等，也多是由欧美发达国家制定。目前，国际市场上比较直观反映全球碳金融市场价格波动的碳指数，也是由国外的巴克莱银行制定，该指标由芝加哥气候交易所和伦敦气候交易所的报价各占50%构成，并没有把中国碳交易市场的报价纳入进来。总体来说，目前中国在国际碳交易市场的定价权还处于缺失状态，国际地位不高。

（2）碳交易价格止跌趋稳，但流动性不强。

为了全面呈现试点碳市场（重庆碳市场由于交易样本过低未纳入统计）的碳价走势及交易活跃程度，北京绿色金融协会2014年推出了中碳指数，包括中碳市值指数和中碳流动性指数两只指数。

中碳指数2014～2016年数据显示，全国碳市场碳配额交易价格在过去三年内呈不断下降的趋势，于2016年下半年逐步趋稳。2016年交易年度，中碳市值指数走势与2014年和2015年交易年度的碳价持续下跌形成鲜明对比，全年最高点为650.57点，最低点为412.81点，基本维持在400～600点区间震荡，表明2016年试点碳市场的配额价格已经止跌趋稳（如图2.4所示）。而流动性是衡量金融市场发育活跃程度和成熟程度的重要指标，流动性越强对各类参与机构的吸引力就越大，市场的价格发现功能也更健全。目前，七省市试点碳市场都还处于市场发育的早期阶段，流动性普遍偏弱，只能根据七个试点碳市场现货二级市场的交易量与其配额总量之比，对其交投活跃程度进行初步分析。2016年交易年度，深圳碳市场最为活跃，活跃度为28.5%，其他依次为北京14.6%、上海8.2%、广东5.6%、湖北4.3%（天津、重庆、福建因交易量有限未列入）。

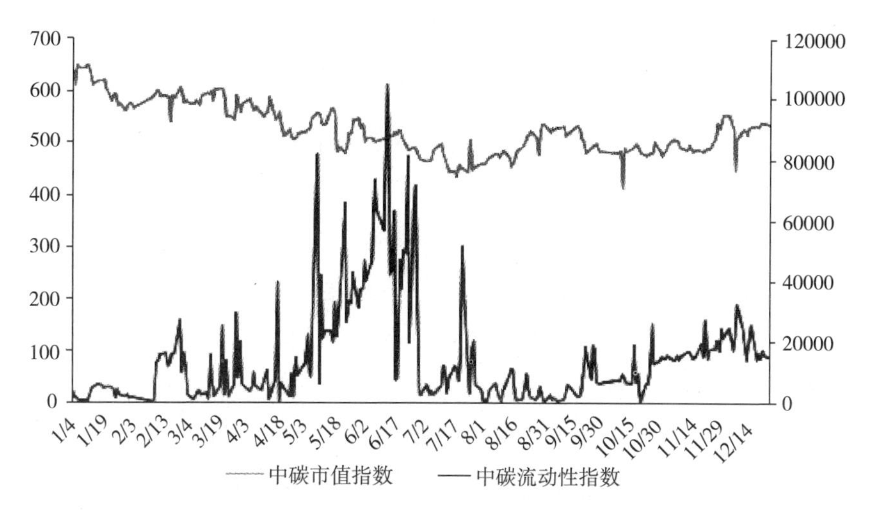

图 2.4　2016 年中碳指数走势

2.4.4　完善国内碳定价市场的对策建议

（1）全面考量碳价走势的因素，合理有效定价。

宏观层面，包括经济发展阶段、能源价格变动、科技发展水平等因素，都会通过改变各类参与机构的预期从而影响碳价；微观层面，总量设置的松紧程度、排放配额的分配方式、市场信息的透明程度等因素，则会通过影响碳市场的供需分布进而影响碳价。此外，碳价究竟维持在何种区间才算适度？对于这个问题，尽管控排机构、投资机构和主管部门可能都会有不同的考量，但大致应该遵循的判断标准，一是合理，二是有效。所谓合理，是考虑到我国经济发展阶段和产业发育程度，碳价所带来的成本约束不应该超过企业的承受能力；所谓有效，是考虑到我国环境保护形势的严峻性和产业转型形势的紧迫性，碳价必须对企业投资节能减排产生足够有力的刺激。从这两个角度出发，未来一段时间全国碳市场价格应在 20～150 元/吨的区间逐步走高。以北京市为例，为了保障市场健康稳定运行，北京市率先出台了公开市场操作管理办法，实行市场交易价格预警，超过 20～150 元/吨的价格区间将触发配额回购或拍卖等公开市场操作程序。北京碳市场运行三年多以来，试点政策未出现大幅调整情况，年度成交均价始终在 50 元/吨左右波动，走势平稳，这也客观地反映出较为平衡的市场供求关系。在自身配额总量较小的情况下，碳市场成交量和成交

额稳步提升，市场交易活跃度总体较好，投资机构参与度提高，形成了履约和交易的双驱动功能，市场整体运行稳健有序。北京市积极推进建设试点交易企业、中介咨询及核查机构、绿色金融机构三大联盟，公开遴选备案了26家第三方核查机构和349名核查员，带动了一批低碳咨询服务和第三方核查机构发展，培育了一批从事碳资产、碳投资、碳金融等新兴领域的企业。通过开展碳排放权交易，有力促进了节能环保产业的发展。

（2）鼓励通过产品创新提高市场交易活跃度。

在交易量、交易额和活跃度等方面，北京碳市场一直居于全国前列。北京碳市场的现货交易产品种类丰富多样，除碳排放配额外，还有三种经审定的项目减排量。为了给重点排放单位提供更多的履约抵消产品，北京市率先出台了碳排放抵消管理办法，各类主体除了可以购买现货配额外，还可以通过购买经审定的核证自愿减排量、节能改造项目碳减排量和林业碳汇项目碳减排量等方式实现履约，履约机制灵活多样，市场服务功能显著增强。目前，北京碳市场上的交易产品已经发展到碳配额、中国核证自愿减排量、本地林业碳汇项目碳减排量、跨区域林业碳汇碳减排量、碳配额场外掉期、碳配额场外期权等多产品共存的局面，同时正在积极研发碳远期等交易工具，为交易双方提供更多的价格发现和风险管理工具。

2.5　本章小结

随着环境问题日益严峻，如何同时用行政和市场手段去平衡环境和发展问题已成为我国经济转型的迫切需要，碳排放权配置不仅反映原本属于公共资源的环境资源的产权价值，而且是通过市场交易来调节环境资源的消耗，将外部成本内部化。碳排放权在国家间、地区间的初次分配是碳排放权产权确认的起点，初次分配不仅仅是分配碳排放权，随之分配出去的还有强制的减排责任、碳市场的参与资格以及预期带来的收益，因此初次分配是碳交易的起点并且贯穿始终。在国内碳交易初次分配中应把握“通用化、个性化、体系化”的原则。碳排放权交易是一种新兴的环境产权交易，自《京都议定书》实施以来，全球碳排放权交易市场发展迅猛。国内碳交易也方兴未艾，国内碳市场以二级市场现货交易为主，主要交易产品包括碳排放权配额和经审定的项目减排量两大类，存在的主要问题有：第一，碳交易市场规模小，国际地位不高。第二，碳交易市场环境不成熟，交易风险难以防范。要发展我国碳交易市场，应当在碳排放交易基础上，进一步完善全国统一的碳汇交易市场，注重顶层设计，积极完备制度建设系统，注重市场监管，执法严格公平公正，多管齐下，大力提升市场流动性。《巴黎协定》后，国内碳定价存在的主要问题一方面是我国在国际市场缺乏定价权；另一方面是碳交易价格止跌趋稳，但流动性不强。要完善国内碳定价市场的对策建议，应当全面考量碳价走势的因素，合理有效定价，并鼓励通过产品创新提高市场交易活跃度。

第3章

环境产权配置和交易的会计确认与计量——以碳排放权为例

在环境产权市场不断发展的大背景下，碳排放权配置与交易的会计确认、计量以及报告等一系列的会计处理问题的解决，显得尤为重要与紧迫。因为，交易的提前是产权明确，也就是说需要对市场交易各方的产权事先进行界定。那么如何来界定产权？很显然，只有通过会计，会计在确认产权性质、计量产权价值、反映产权运动、披露产权信息中具有不可替代的作用。因此，应该将碳排放权的配置和交易纳入会计核算范围，在会计报表中予以反映和披露。

当然，碳排放权的出现也给现行会计理论和实务提出了新的挑战。碳排放权配额是应确认为资产还是捐赠收益？不同持有目的的碳排放权是否可以分别确认为存货、无形资产或者金融投资资产？碳排放权的会计计量如何在历史成本和公允价值中选择？碳排放权会计报告宜采用“嵌入式”、表外反映还是用新增“环境会计报表”来披露？等等。这些问题是会计研究者在探索前沿问题时所面临的重大挑战，但我们相信随着低碳经济的蓬勃发展，碳排放权交易市场的进一步成熟，目前会计确认和计量的难题都将找到社会公认的最合适的处理方法，进而指导企业的实践。

3.1 国内外研究现状

近年来，各国学者及会计组织机构纷纷致力于碳排放权会计问题研究，并取得了丰硕的研究成果，为我们的继续研究提供了坚实的基础。但是，由于人们对碳排放权及其交易的经济学本质在认识上存在差异，形成目前多种相关会计处理并存的“百家争鸣”现状。其中主要研究的内容包括以下几个方面。

3.1.1 碳排放权的初始确认和计量

研究碳排放权会计，首先要解决的是其初始会计确认和计量问题，这是进一步日常会计处理和后续计量的基础。企业碳排放权的来源主要有从政府（或其他社会组织）无偿分配获得和从市场购买或拍卖获得两种途径，它们的会计确认和计量既有联系又有区别。

（1）确认为存货。

1993 年，美国联邦能源管制委员会（FERC）曾经规定，企业购买的碳排放权应按购买时支付的现金或所支付的对价确认为存货，计入资产负债表；而对于其他途径获得的碳排放权，如政府无偿分配或自行生产的，应以零账面价值（nil value）予以确认。德勤（Deloitte，2007）也认为，排放权具有存货的特性，应确认为存货，并以历史成本进行计量。但是，随着碳排放权市场交易制度的成熟和完善，碳排放权金融工具的特性逐渐增强，这种将其确认为存货的观点越来越得不到支持和赞同。

（2）确认为无形资产。

国际会计准则理事会（IASB）是“将碳排放权确认为无形资产”的坚定支持者。2004 年 12 月，IASB 的下属机构国际财务报告解释委员会（IFRIC），发布了针对欧盟碳排放权交易体系的会计处理指南——IFRIC 3（《排污权》），规定将碳排放权确认为“无形资产”。其中，购买获得的应采用历史成本进行初始计量，而从政府无偿分配获得碳排放权配额应按公允价值进行初始计量，实际支付的费用与公允价值之间的差额应根据 IAS20 确认为政府补贴。但是，2005 年 6 月，考虑到该指南与其他相关会计准则不协调，收益与费用计量基础不一致等原因，IASB 宣布撤销了 IFRIC 3。

（3）确认为金融资产。

2002 年《英国排放权交易会计处理征求意见稿》中指出，碳排放权具有金融工具的某些特征，也可以进行期货和期权交易，因而将碳排放权确认为金融工具是恰当的。2004 年，日本会计准则委员会（ASBJ）发布了《排放权交易会计指南》，决定按企业持有碳排放权的目的来确认和计量，为交易而持有的排污权应按金融商品进行会计处理。

（4）不予确认。

2016 年 9 月，我国财政部颁布的《碳排放权交易试点有关会计处理暂行规定（征求意见稿）》中明确规定：从政府无偿分配取得的配额，不作账务处理。其理由是，政府无偿分配的排放配额并不是向企业直接转移经济资源，因此不符合资产的确认条件；在企业的正常生产过程中也不形成任何义务，因此也不符合负债的确认条件，所以不必进行会计确认。但这种处理模式争议较大，反对者认为无论碳排放权是通过何种渠道获得，其本质并没有差别，不应是从市场购买的就确认，而无偿获得的就不确认，这有违会计全面反映的原则。

3.1.2 碳排放权的披露

随着气候变化对世界经济的影响日益加剧，社会公众以及企业利益相关者开始要求企业披露与气候相关的信息。碳排放权作为一种交易对象引入市场后，不少国家也相应出台了一些披露政策。美国是最早参与碳排放交易的国家之一，对环境信息披露的法律法规也最为成熟健全。2009 年 9 月，美国环境保护署对温室气体的排放做出了强制排放的规定；欧盟尚未出台统一的碳排放权披露制度，但欧盟各国根据本国自身的情况，做出了相应的规定。其中，英国和德国都要求上市公司披露环境信息，对碳排放权交易的会计信息也在这披露范围内；日本要求企业自行编制独立的环境报告书予以单独披露；澳大利亚、加拿大等国也通过立法建立了统一的温室气体报告体系，明确了对温室气体排放信息的披露。

从这些国家的情况来看，对碳排放权会计信息的披露形式，主要有嵌入现行报表、在报表附注中披露和单独设置报表等几种。很多国家是将环境信息一起披露，并不是单独披露碳排放权的会计信息。2016 年 9 月，我国财政部颁布的碳排放权会计处理征求意见稿中，对碳排放权相关信息的披露做了详细规定，要求不仅要在资产负债表中披露碳排放权的期末持有量，还要对其变动增减情况单独设表来反映。

通过对世界各国碳排放权会计处理方法的梳理，我们发现虽然经过了长期的实践和理论研究，但并没有形成一套普遍接受的处理方法，相反各国从不同角度、不同层次提出了都有一定会计理论支持的、符合自身利益的处理程序。

究其原因，首先，因为碳排放权是一个新生事物，它所涉及的用途非常广泛，既可以作为一种商品进行交易，也可以被当作货币来流通，还可以作为金融工具用于风险规避，因此很难在现行会计准则中进行归类。其次，碳排放权会计处理方法的选择跟该国碳排放权交易市场的发展程度密切相关。我们发现，碳排放权交易市场越发达的国家，越倾向于将其确认为金融资产，反之则越愿意将其确认为存货之类的流动资产。最后，对碳排放权会计处理方法的争论看似是不涉及政治的技术问题，但其实质也是一种权力的竞争，尤其是当处理方法影响到大公司的报表时。政府或其他组织开设了碳排放权交易市场，当然也能决定其如何运作，其中也就包括了会计处理的基础。

3.2　碳排放权会计确认与计量的产权基础

根据产权理论，产权即财产权，包括对实物形态和价值形态的财产的管理权能（伍中信，2001）。所谓的碳排放权就是特定主体向大气中排放 CO_2 和其他温室气体[①]的权利。CO_2 是一种气体形态，而非实物形态，但现有技术已经能够准确测度其物理量，其中所有权、使用权、处置权主要涉及碳排放权所包含的碳排放物理量，收益权主要涉及碳排放权的价值形态，是碳排放权的核心权能。我们将碳排放权中所有权、使用权和处置权等主要与碳排放物理量有关的权能称之为碳产权，即人们依法享有、使用和处置碳排放配额的权利，这一权利具有排他性和专属性；将与价值量有关的收益权、收益分配权、定价权等，可能带来经济收益或经济损失的权利称之为碳财权。碳财权由碳产权衍生而来，依托于碳产权而存在，它有两层含义：一是碳排放主体直接或间接通过减排而改善大气质量所应享有的经济收益权，或超标碳排放导致环境恶化而应承担的经济处罚义务（他人的环境处罚权）；二是通过处置生产或投资的碳排放权而获取经济收益（损失）的权利。碳财权是对碳产权承载的经济价值的计量，在形式上两者可以分离，例如 CDM 项目需经联合国执行理事会（Executive Board，EB）指定专门机构核证减排量（Certified Emission Rights，CER）并颁发证书，CER 证书体现的是实物形态的碳产权。而获准的减排指标方可

① 这里主要指《京都议定书》所规定的六种主要温室气体，它们分别是：二氧化碳、甲烷、氧化亚氮、六氟化硫、氢氟碳化物和全氟化碳。

经中介机构或世界银行通过碳交易市场进行交易，交易以定价机制为基础，此时碳排放权的财权便能凸显出来。碳产权与碳财权的权能运动深受人类意识、政治、经济、法律、社会等环境的影响，并在此基础上引发碳产权外在属性的此消彼长。

既然明确了碳排放权的产权性质，那么就要进一步分析该产权属于谁，即明确产权主体。当然，碳排放权的产权主体必须明确到企业法人身上，而不能是虚拟的主体。因此，国际市场上关于碳排放权的交易，究其本质是环境产权在不同产权主体之间的转移。虽然现实中的碳排放权交易过程复杂，涉及多方利益，但从其性质来看，可以把其参与主体抽象为三类。

（1）碳排放权的纯供应者。

这里的“纯供应者”是指只向碳交易市场提供减排产品，而不需承担减排义务的企业。他们所持有的碳排放权实际是一种经核证的“碳减排量”，持有目的主要为了出售以获得额外的资金支持。例如，发展中国家的偏远山区发展经济困难，但当地有丰富的森林资源，原来当地居民只能靠砍树来发家致富，但现在可以把森林吸收并储存 CO_2 的能力进行量化，向有关机构申请成为经核证的碳减排量，然后出售给有减排义务的工业企业。这样偏远山区获得了资金支持，更有积极性去维护森林资源。

（2）金融中间商。

随着碳排放权市场交易规模的扩大和货币化程度的提高，碳排放权逐渐衍生出流动性、收益性和风险性等金融资产的属性。由于金融属性的增强，碳排放权的投资价值越来越大，吸引了越来越多的金融机构甚至私人投资者参与其中，投资者也日趋多元化，如商业银行、投资银行、保险机构、风险投资、基金等都逐步参与到碳金融市场中来。这些活跃在国际碳交易市场的金融机构，持有碳排放权及其衍生金融产品的目的并不是为了完成减排任务，而是希望在碳排放权价格涨跌中渔利，我们把这类企业统称为碳排放权交易的金融中间商。

（3）碳排放权的最终消费者。

他们是负有减排义务的工业企业，也是各种碳交易品种的最终消费者。他们之所以愿意参与到国际碳排放交易市场之中，是因为世界各地减排的机会成本不同，到碳市场购买碳排放权比自己减排的成本要低得多。他们购买碳排放权实际是为自己的污染行为付出代价，间接提高了生产成本。为了降低这个成本，企业就会积极采用更节能的生产方式，最终有利于温室气体减排。

3.3 基于产权保护的碳排放权会计处理的设计

伍中信（1998）认为，“会计存在和发展的根本目的在于反映产权关系、体现产权意志、维护产权利益”。对任何一个会计事项的确认和计量，都是从某个产权主体的视角出发进行的会计处理，碳排放权的会计确认和计量也不例外。毕马威（KPMG，2008）提出从会计主体的不同角度进行分类会计处理的模式，给我们很大启发。下面分别从碳排放权交易过程中的纯供应者、金融中间商和最终消费者的角度出发，分析最有利于保护其产权的会计确认和计量的方法和程序。

3.3.1 碳排放权交易的纯供应者的会计处理

无论是 CDM 机制还是项目减排机制，碳交易中的纯供应者申请获得碳排放权的目的都在于将项目减排的温室气体包装成商品出售，从而获取一定经济补偿，因此它应被确认为一种流动资产，而不是长期持有的无形资产。虽然这类企业也希望将持有的碳排放权卖个好价钱，但一般来说他们不直接面对碳金融市场，而是将它出售给中间商，因此并不算是金融工具。所以笔者认为，对于这些企业来说，将碳排放权确认为一项存货，可能更符合其经济实质。企业会计准则中对存货的定义为，“存货是指企业在日常活动中持有以备出售的产成品或商品，处在生产过程中的在产品、在生产过程或提供劳务过程中耗用的材料、物料等”。显然，温室气体减排量就产生于这些企业的日常经营活动中，获得联合国批准后成为可供交易的“碳排放权”，最终目的就是为了出售获利。所以，碳排放权符合存货的定义，应当作为存货在会计上进行确认。

碳排放权作为一项存货在资产负债表中列示，首先应设置“碳排放权”这一会计科目，具体的会计计量程序如下：第一，初始计量。碳排放权应按照其开发过程中的实际支出，作为初始确认成本。有关支出先归集在“开发支出”中，借记“开发支出”，贷记“工程物质”“应付职工薪酬”等科目，项目完成获得相关部门批准后再确认碳排放权，借记“碳排放权”，贷记“开发支出”。第二，后续计量。由于国际碳交易市场价格波动剧烈，因此在资产负

债表日要对碳排放权进行减值测试。如果发生减值，则应借记“资产减值损失”，贷记“存货跌价准备——碳排放权减值”，如果以后价格回升，计提的跌价准备可以转回。第三，出售。有学者认为，碳排放权交易不是企业的日常经营活动，因而其取得的收益应计入营业外收入。我们认为，营业外收支一般指与企业生产经营活动没有直接关系的各种收入，并不是由企业经营资金耗费所产生的，实际上是一种纯收入，不可能也不需要与有关费用进行配比。碳排放权交易产生的收益并不符合这些特征，因此将其列入其他业务收入的同时确认相应的支出成本更为合适，因此出售碳排放权时，借记“银行存款”等科目，贷记“其他业务收入”科目，同时将碳排放权的净值转入“其他业务支出”科目。

3.3.2 碳排放权交易的金融中间商

金融中间商的存在，有利于碳交易市场价格机制的形成，得到更公允的碳排放权价格。他们面对的是复杂的碳金融市场，要承担碳排放权价格涨跌的风险，因此将碳排放权确认为一项金融资产，采用公允价值计量是比较适合的选择。那么，是确认为交易性金融资产还是可供出售金融资产呢？可以从两点来分析：一是交易费用的处理，如果确认为交易性金融资产，则交易费用计入投资收益，而确认为可供出售的金融资产，相关交易费用计入初始入账金额；二是持有交易性金融资产的目的主要是为了近期内出售，一般属于衍生金融工具，而这些金融中间商持有的碳排放权似乎不太符合这些要求。因此笔者认为将碳排放权本身确认为可供出售金融资产更合适，而相关的碳衍生金融工具可以确认为交易性金融资产。

具体的会计计量过程如下：第一，初始计量。根据可供出售金融资产会计准则的相关规定，中间商购入碳排放权时应该按照取得时的公允价值和相关交易费用之和作为初始确认金额。借记“可供出售金融资产——碳排放权（成本）”，贷记“银行存款”。第二，后续计量。对于金融中间商来说，碳排放权应在会计期末采用公允价值进行后续计量。如果在资产负债表日，碳排放权的公允价值高于其账面价值，则应借记“可供出售金融资产——碳排放权（公允价值变动）”，贷记“资本公积——其他资本公积”，调增其账面价值；若碳排放权的公允价值低于其账面价值，则应调减账面价值，会计分录相反。第三，出售。出售碳排放权时，按照可供出售金融资产的处置规定，将取得的价款与该资产的账面价值之间的差额计入投资收益，同时将原直接计入所有者权益的公允价值变动累计额对应处置部分的金额转出，计入投资收益。以公允价值上升为例，首先借记“银行存款”等账户，贷记“可供出售金融资产——碳排放权（成本）”“可供出售金融资产——碳排放权（公允价值变动）”，视情况借记或贷记“投资收益”，使整个会计分录借贷平衡。同时，借记“资本公积——其他资本公积”，贷记“投资收益”，将持有期内碳排放权累计的公允价值变动转入投资收益。

3.3.3 碳排放权的最终消费者的会计处理

碳排放权的最终消费者是负有减排义务的企业，目前来说主要是发达国家的工业企业，以后范围可能会进一步扩大。这些企业需要获得碳排放权来完成减排义务，因此他们持有碳排放权以自用为主，当然如果有剩余也可以用来出售。企业会计准则规定，无形资产是指企业拥有或控制的没有实物形态的可辨认的非货币性资产，企业为生产商品、提供劳务、出租或经营管理而持有无形资产。企业自用的碳排放权，或者是政府无偿分配而来，或者通过有偿竞争获得，企业持有目的是为了正常的运营，并且具有非实物形态、可辨认、非货币性等特点，因此符合会计准则对无形资产的定义，从性质来看属于特许类财产，即由国家或社会组织所特别授予的资格、特权等法律利益所体现的财产权利。

具体的会计计量程序如下：第一，初始计量。工业企业可以通过两个途径获得碳排放权，一是政府免费分配；二是通过拍卖或市场购买。政府免费配额的碳排放权，本质上是一种政府的补贴，因此可以按照取得时的公允价值，借记“无形资产——碳排放权”，贷记“递延收益——政府补贴收入”。拍卖获得或从市场购入的碳排放权，按照实际支付的价款以及直接归属于该项无形资产的其他支出，作为其初始成本。第二，后续计量。企业生产经营过程中实际排放时，将碳排放权摊销计入费用，借记“管理费用”，贷记“累计摊销——碳排放权”，如果是政府免费分配的碳排放权，则还要同时确认营业外收入，借记“递延收益”，贷记“营业外收入”。资产负债表日对碳排放权进行减值测试，如果发生减值，则借记“资产减值损失——碳排放权”，贷记“无形资

产减值准备——碳排放权”。第三，出售。如果企业碳排放权除了自用外还有剩余，剩余部分可以到市场出售获利，这也是对积极减排企业的一种经济鼓励。企业按实际售价，借记“银行存款”，同时借记“累计摊销”“无形资产减值准备”，贷记“无形资产——碳排放权”，差额记入“营业外收入”。如果出售的是免费获得的配额，则还要将相应的递延收益转入“营业外收入”。

通过对碳排放权的会计确认与计量，可以将企业生产经营过程中的碳排放行为纳入会计核算体系，在一定程度上使企业的生产成本接近于其社会成本，从而使得碳排放的外部性得以内部化，达到促进减排的目标。将碳排放权纳入会计核算体系也是碳交易市场顺利运行的前提。

3.4 碳排放权会计信息的披露

随着企业与碳排放有关的经济活动不断开展，社会各界对碳排放权的会计信息越来越关注，规范相关披露内容和形式的呼声越来越高。碳排放权会计信息披露着重考虑企业应对气候风险所采取的节能减排活动对财务的影响，是对传统会计信息披露的一种补充，使得会计信息更具真实性，更能准确、客观、全面地反映企业财务状况和经营成果，因而有着重要的意义。常用的碳排放权会计报告可以分为两种形式：一是在传统会计报表中增列低碳会计项目，在附注中增加碳排放权的相关会计信息。二是单独报告，即编制单独的碳排放权资产负债表、损益表和碳排放权增减变动表等。除此之外，企业还可以通过报表附注、公告等形式披露相关碳排放权增减变动的信息。

我国财政部2016年12月颁布的《征求意见稿》中对碳排放权采取的是“嵌入式”列报。这种披露方式，比较符合目前我国碳排放权交易市场尚未建立，但有一定试点经验的实际情况。针对《征求意见稿》中的简要处理方法，我们设计了在未来碳排放权交易市场发达情况下，企业采用独立报表形式披露碳排放权会计信息的框架。碳排放权会计信息的报表框架包括：碳排放权资产负债表、碳排放权利润表和碳排放权变动情况表三大主体报表以及相应的附注部分等内容，对企业碳排放权的配置与交易活动进行财务披露是碳排放权会计信息披露的核心部分。

3.4.1 碳排放权资产负债表

碳排放权资产负债表是用来反映企业在某一特定时点上的碳排放权资产、

因进行碳交易与节能减排而产生的碳排放权负债及碳排放权权益状况的报表。与普通的资产负债表不同的是，单独编制的碳排放权资产负债表只是披露了碳资产、碳负债、碳权益所包含的内容及金额，不表示其之间的相等关系。因为，与碳排放权相关的资产、负债以及权益，只是企业整体资产负债中的一部分，它们本身不一定正好有等量平衡关系。具体的碳排放权资产负债表如表3.1所示。

表3.1　　碳排放权资产负债表

资　产	期初数	期末数	负债和股东权益	期初数	期末数
流动资产			流动负债：		
碳排放权净额			碳排放权短期借款		
碳排放权专项资金			碳排放权应付账款		
碳排放权应收票据			碳排放权预收账款		
碳排放权应收账款			碳排放权应交税费		
碳排放权预付账款			碳排放权应计利息		
碳排放权存货			流动负债合计		
流动资产合计			非流动负债：		
非流动资产：			碳排放权长期借款		
碳排放权长期投资			碳排放权应付债券		
碳排放权固定资产			非流动负债合计		
减：累计折旧			负债合计		
碳排放权固定资产净值			股东权益：		
碳排放权无形资产			碳排放权实收资本		
碳排放权长期摊销			碳排放权资本公积		
碳排放权在建工程			股东权益合计		
非流动资产合计					
资产总计			负债和股东权益总计		

表3.1中各个项目是在相关交易中涉及碳排放权的项目，因而单独列出来予以反映。例如，“碳排放权应收账款”是指在出售持有的碳排放时收到债权凭证，计入该项目。很显然，碳排放权的配置与交易只是企业整体业务的一部

分，因此本身不能形成平衡。

3.4.2 碳排放权利润表

碳排放权利润表是用来反映一定时期内企业自身节能减排、进行碳交易等活动中实现的利润或是亏损的情况（见表3.2）。碳排放权利润表采用单步式格式，包括碳排放权收益、碳排放权成本、碳排放权利润总额和碳排放权净利润。其中，碳排放权收益包括：碳排放权交易收益（如出售所持有的碳排放权所获得收益）、政府补贴（如治污减排的专项资金）、税收减免收益（企业采用新节能技术获得政府的减税支持）、碳排放权投资收益（投资碳排放权期货、期权、套期保值等金融风险产品所获得的收益），以及与碳排放权配置与交易有关的其他收益。碳排放权成本包括：碳排放权交易成本（如出售所持有的碳排放权所支出的成本）、减排成本（减排所支付费用）、碳排放权管理成本、碳排放权财务费用等

表3.2　　碳排放权利润表

项　目	上年数	本年数
一、碳排放权收益		
碳排放权交易收益		
政府补贴		
税收减免收益		
碳排放权投资收益		
碳排放权其他收益		
二、碳排放权成本		
碳排放权交易成本		
减排成本		
碳排放权管理成本		
碳排放权财务费用		
三、碳排放权利润总额		
减：碳排放权所得税		
四、碳排放权净利润		

3.4.3 碳排放权变动情况表

碳排放权变动情况表用来反映碳排放权持有及变动情况，包括碳排放权的数量和金额的变动情况，取得碳排放权的方式及数量等（见表 3.3）。此表中金额栏应该以资产负债表日的公允价值编制。具体项目中，当期可用碳排放权包括上期配额结转、当期政府配置、实际购入的以及其他来源。当期碳排放权减少包括当期实际排放、当期出售配额和到期的配额自愿注销等。

表 3.3　　碳排放权变动情况表

项目	数量（数量单位：）	金额（金额单位：）
1. 当期可用的碳排放权		
（1）上期配额及 CCER 等可结转使用的碳排放权		
（2）当期政府分配的配额		
（3）当期实际购入碳排放权		
（4）其他		
2. 当期减少的碳排放权		
（1）当期实际排放		
（2）当期出售配额		
（3）自愿注销配额		
3. 期末可结转使用的配额		
4. 超额排放		
（1）计入成本		
（2）计入当期损益		
5. 因碳排放权而计入当期损益的公允价值变动（损失以“-”号列报）		
6. 因应付碳排放权而计入当期损益的公允价值变动（损失以“-”号列报）		

3.5 本章小结

在低碳经济逐渐兴起、碳交易市场蓬勃发展的大背景下，碳排放权配置与

交易的会计确认、计量以及报告等一系列的会计处理问题，已成为社会各界关注和重视的焦点，对这些问题的顺利解决有助于碳交易市场的有序发展。因为，交易的前提是产权明晰，即要界定交易参与各方的产权。那么如何来界定产权？很显然，只有通过会计。由于会计在确认产权性质、计量产权价值、反映产权运动、披露产权信息中有着不可替代的作用，因而将碳排放权的配置和交易纳入会计核算范围，在会计报表中进行反映和披露是其必然选择。

当然，碳排放权的出现也给现行会计理论和实务提出了新的挑战。碳排放权配额是应确认为资产还是捐赠收益？不同持有目的的碳排放权是否可以分别确认为存货、无形资产或者金融投资资产？碳排放权的会计计量如何在历史成本和公允价值中选择？碳排放权会计报告宜采用“嵌入式”，即将环境资产、环境负债及环境所有者权益嵌入现行财务报表进行披露，还是进行表外反映或增设“环境会计报表”？等等。这些问题是会计研究者在探索前沿问题时所面临的重大挑战，但我们相信随着低碳经济的蓬勃发展，碳排放权交易市场的进一步成熟，目前会计确认和计量的难题都将在不断博弈中逐渐形成社会公认的最合适的处理方法，进而用于指导企业的实践。

第4章

环境审计模式再造的理论基础

本章首先研究基于环境产权保护为导向的碳排放权的会计确认与计量，然后我们对国内外有关环境审计方面研究进行文献综述，再对再造环境审计模式所需的其他相关基础理论进行梳理，并提出本书再造环境审计模式具体观点。

4.1　环境审计的理论基础

环境系统是一个复杂的，有着时、空、量、序变化的动态和开放系统，各子系统和各组成成分之间相互作用，构成一定的网络结构。因此环境审计的研究具有其本身的特点和模式，其复杂程度远远高于常规传统审计。环境审计是审计理论研究和实践工作的一个新领域，是国际社会关注的人口、资源、环境和发展等四大问题在审计学领域的新体现。各国专家学者已从各个角度对环境审计模式（或者环境审计理论结构）进行深入探讨。

4.1.1　环境产权研究

以碳排放权为例，长期以来，CO_2作为一种气体物质存在，但这种物质在世界上原本并无产权属性，既没有产权界定，也没有产权交易，更谈不上是商品或资产，因此，在环境领域没有明确提出碳产权概念。但是，在当今人类面临日趋恶化的气候危机情况下，为了应对人类共同面临的气候灾难，为了主动限制 CO_2等温室气体的排放，相关组织开始制定其排放限额，以免各国无序排放，碳排放权成为稀缺资源。按照经济学的稀缺资源理论，碳自然就有了内在的经济价值，碳排放指标就变成了稀缺的“经济资源”。于是，人类创造出一

种新的商品排放权，也可称为碳资产或碳产权。因此，人们普遍认为对于环境这种无形之物可以无偿或廉价获取，当它们成为某种稀缺资源之时，其产权概念也应运而生，环境产权已成为一个亟待深入探讨的命题。

（1）环境产权内涵研究。

美国产权经济学家哈罗德·德姆塞茨（Harold Demsetz）认为，产权是一种社会工具，其重要性就在于能够帮助一个人形成与其他人交易时的合理预期，规定其“受益或受损的权利”。依此产权定义来衡量，环境领域也有使自己或他人受益或受损的权利，也存在产权界定、产权交易、产权保护等问题。因此，环境产权在理论上是能够成立的。环境产权是指行为主体对某一资源环境拥有的所有、使用、占有、处置及收益等各种权利的集合。一个国家拥有主权，在一国境内的所有自然资源都归国家所有，即国家拥有对自然资源的所有权。因此，环境产权具有整体性、公共性、广泛性等特征。一般情况下，政府作为公众的代理人，履行管理、利用和分配环境资源的权利，以最大限度地保证自然生态环境的良性循环和公平分配，借此从对应环境资源背后的产权束来看，其环境资源产权主要包括环境资源所有权、环境资源使用权和环境资源收益权三种权利。随着人类征服自然能力提高，人与自然的关系更为复杂，导致环境资源产权束内容不断增加与细化，譬如，环境产权可细分为规制权、排污权和经营权。根据资源依赖理论来确定其规制权属于政府所有，排污权为排污组织所有，经营权由专业污染治理组织拥有。上述研究主要是针对人与自然之间的关系，然而要从因人与自然之间关系而形成人与人之间的关系来探索更深层次的环境产权内涵，还是要从“资源环境产权制度”着手。完备的资源环境产权制度应包括资源环境产权界定制度、资源环境产权交易制度和资源环境产权保护制度。但其环境产权制度并没有很好地把脉环境资源准公共性，致使环境产权主体界定不清、相关收益与分配不均，更主要的是人们忽视了对环境制度本身的产权研究，尤其忽视作为环境审计模式构成之重要因素之一的制度，其制度本身内在结构性或网络性之产权研究。这为后文从超契约角度来研究环境产权行为以及其行为结果提供理论依据，或环境产权行为本质特征就是超契约，这将在后文加以详细论述。

（2）环境产权行为研究。

环境资源的日益稀缺和环境外部性的严重显现，已经给人类的生存和发展带来巨大威胁。在环境资源日益枯竭的情况下，环境产权行为界定不清是导致环境外部不经济性的主要原因。因此，对环境资源产权行为进行明确界定，并建立适当的环境资源产权交易与配置制度，已成为全社会所关注的重大问题。要通过环境资源市场的合理定价、有偿使用和市场交易以及环境资源组织内部的计划配置、内部定价等，共同实现环境资源的合理配置，减少甚至消除不清晰的环境产权行为所导致的外部不经济性结果。建立重要资源国家所有权为基础，包括一定范围内资源个人所有在内的多元资源产权行为主体体系。环境产权行为主体，其环境产权行为是指环境资源配置活动的基本单位，它主要是对环境产权活动本身的界定、环境产权活动价值计量及其收益分配的确认，也是对环境产权行为的界定、环境产权行为价值计量及其收益分配的确认。

①环境产权行为界定研究。产权界定越明确，财富被无偿占有的可能性就越小，产权行为价值就越大。因社会与环境之间关系不断变化，环境产权行为具有不确定性，各国对环境产权行为的理解也不一致，致使环境产权内涵与外延的边界十分宽泛，对环境产权行为的界定也就变得非常困难。为解决此“困难”，河南省社会科学院研究员李太淼从一般性产权行为特征中提炼出三大原则：符合自然界的发展变化规律、坚持生态效益优先、坚持可持续发展，其目的是极力解决不清晰的环境产权行为所导致的外部性问题。这种仅从人与环境之间关系的角度来探索解决其“困难”的渠道，显然对环境产权行为缺乏约束力，因此，我们要从更广阔的组织所有权、国家所有权，甚至国际所有权的角度来安排因人与环境之间关系所形成人与人之间的环境关系（制度），去界定环境产权行为。譬如，造成水资源污染问题，应该根据水资源使用权，将污染责任配置到那些能够最有效的预防污染的主体手里。要实现贡献者获益，侵害者受损；无贡献而搭便车获益者应付费用，无侵害而无辜受损者应获补偿，同时结合控制流域水污染的三种约束产权行为的制度安排，即政府管制、产权分解以及相关人进行的自主组织和自我管理。但是该产权行为的界定适合于范围小且具有较强组织能力的地方，要想在更大范围内解决环境污染问题，学术界应从产权角度展开对排污权的研究，研究主要集中在以排放权、税收和补贴为主要内容的市场型政策上，其中包括：排放权的含义与理论渊源；税收与排放权交易的对比与选择；排放权交易的制度设计；排放权交易的市场运行研究。随着 1997 年《京都议定书》生效，催醒了人们对碳排放交易系

统、碳配额的价格、碳配额衍生产品的研究，尤其近年来碳会计研究兴盛，取得了丰富的研究成果。但国内对碳排放交易的研究仍停留在定性分析和理论介绍阶段，很少有人探索环境产权行为的嵌入性。

②环境产权行为价值计量研究。环境审计的对象更多来源于环境会计提供资料，首先是学者们对环境会计发展与推行的必要性。其次根据各国会计准则委员会相继发布相关特殊环境事项的会计准则和指南，根据相关的会计准则和指南系统地讨论了环境会计的框架体系和方法体系：环境会计概念与本质、环境会计对象、环境会计要素、环境会计目标、环境会计基本假设、环境会计基本原则、环境会计确认、环境会计计量和环境会计信息披露等环境会计概念框架和核算体系以及排污权环境会计规范、环境会计应用案例、环境绩效指标体系与研究方法等。最后对自然资源产权行为价值计量估价、宏微观自然资源产权行为价值核算以及计量进行了卓有成效的探索，但他们对产生环境产权行为价值的动因涉及较少。

③环境产权收益权分配研究。在产权束中，没有独立的收益权，它是伴随其他具体行为产权而存在。莫干山研究院院长常修泽按照“环境有价”理念，建议建立现代环境产权制度，以平衡环境外部经济的贡献者、受益者及相关方面的利益关系。左正强认为在安排环境资源收益权时，一个基本的原则就是看谁对自然环境资源有贡献以及其贡献的大小来分配环境产权收益权。张晓静探讨了政府在生态补偿中的作用及生态补偿主体，在此基础上提出在国家转移支付项目中，增加生态补偿项目，用于国家级自然保护区、国家生态功能区的建设补偿等，指出现行的中央政府纵向转移支付制度与“受益者付费”原则不协调，建议建立“资金横向转移补偿模式”，改变地区间既得利益格局，实现地区间公共服务水平均衡。目前很少有人研究以自然状态的环境资源产权如何寄生于社会资源产权与经济资源来实现其环境产权收益权分配。这为后文从超契约的角度来研究环境产权行为特征，具有重要的铺垫意义。

4.1.2　环境审计模式的逻辑起点

关于环境审计的逻辑起点，绝大多数是借鉴审计逻辑起点来研究环境审计模式，下面关于审计逻辑起点、审计模式及其国内外研究主要代表学者如表4.1所示。

表4.1　国内外审计模式、主要观点及代表人物

序号	逻辑起点	要素及关系	代表人物
1	哲学起点	哲学基础→假设→概念→应用标准→实际运用	Mautz，Sharaf
2	假设起点	假设、定理→结构→原则→标准	Schandl
3	本质起点	本质→目标→假设→概念→标准 本质→目标→假设→概念→准则→程序方法→报告	Tom Lee、蔡春、徐震旦等
4	目标起点	目标→公认审计准则→概念→假设→技术方法→过程； 目标→假设→概念→准则→程序→方法→质量特征	Anderson，Sullivan Jerry、李若山等
5	动因起点	动因→主、客体→主、客体关系→审计运行； 为谁审计→凭什么审计→审计谁→审计完成怎么办	李金华、孙宝厚等
6	环境起点	审计环境→审计目标、假设→审计概念→审计原则→审计准则→审计程序→审计报告	刘明辉等
7	产权起点	审计理论基础→审计基础理论→审计应用理论	陆勇等

目前大多数国内外学者从经济或环境契约为环境审计逻辑起点，并依据环境治理论来构建环境审计模式。其中，一些国内审计学者针对环境对象来构建环境审计模式：区域环境审计、江河湖泊、大气环境等；一些学者从环境产权为逻辑起点；一些学者是基于自然环境资源的公共产权属性；还有一些审计学者则是从国家或政府作为环境审计主体来构建环境审计模式；另一些学者是基于自然环境资源的经济属性；还有些审计学者则是从环境绩效等方面来构建环境审计模式，所有这些环境审计模式都主要适用于环境受托方的受托经济责任审计。最近几年有些环境审计学者研究环境问题的问责制，人们开始关注领导干部问责制形式的环境委托方的委托环境责任研究。因此，作为领导干部问责制形式的委托环境审计模式悄然兴起。然而，前人研究所涉及的要么是受托环境审计模式，要么是委托环境审计模式，截至目前，人们还没有涉及委托环境审计模式与受托环境审计模式共同构成一个完整的新环境审计模式。

4.1.3 环境审计本质研究

环境审计的本质是研究环境审计理论结构的逻辑起点，它是理论结构诸要素中的基础和核心。关于审计本质的探讨主要有以下几种观点：查账论、方法过程论、监督论和经济控制论。英国著名的法律史学家梅因（Maine，1816）在《古代法》中有一句被认为是全部英国法律文献中最著名的话："进步社会的运动，到此处为止，是一个从身份到契约的运动"。对于经济体来说，私有制的产生和"两权分离"催生"三方审计"契约产生，并随着经济体外部环境变化，导致人们对审计本质的认识不断深入。脱胎于农业经济的各种经济体，"对于精明的初始财产所有者来说，如果他无法直接监督自己的财产，就自然会对受托管理财产人的经济责任进行独立的检查"。从产权角度看，拥有对经营者监督权的财产所有者通过经济性契约将运营财产的监督权委托给代理人——注册会计师行使。十一世纪左右的寺院审计、城市审计、行会审计和庄园审计等都是通过会计账目的审查达到了解受托经济责任之履行情况。在对会计账簿和数字的审查过程中逐步形成以会计账簿数字为导向的审计，进而将传统财务审计本质概括为"查账论"。

随着现代经济的发展，计算机技术应用推广，组织规模日益扩大，经济业务活动的内容也日益丰富和复杂化，这导致审计工作量极度膨胀。为提高审计工作效率，审计师和审计专家们将内部控制与审计工作联系起来，逐步形成系统导向审计，并从方法论的角度对各种类型与目标的审计共同抽象，得出审计的本质为"方法过程论"。作为对"查账论"的否定和对"方法过程论"的扬弃，我国审计理论界提出了审计本质为"经济监督论"。"经济监督"的涵盖面小于审计职能的涵盖面，概括不了现代审计的所有形式。因此，在产权视野下，仍然承袭财产所有者的产权束衍生出"三方审计关系"的经济性契约分析和提炼，直至蔡春教授提出审计本质为经济控制论，使"经济监督论"进一步丰富与发展。但基于经济控制论的审计本质所形成审计理论所指导下的审计实务发展来看，"审计市场中的审计关系的现实角色与理想角色错位现象存在一定普遍性"。以董事会作为委托人的典型代表的美国公司中，董事长兼任最高经营者（CEO）的比例甚至高达76%。注册会计师审计源远流长，制度运作比较规范的股东大会作为委托人的英国股东大会表决实际上近乎董事和经营者自身的表决。由监事会充任审计委托人的日本与欧洲监事由股东大会选任，尽管其人选来源于董事和经理之外，有助于强化对经营者的约束，但实际运作效果并不十分理想。因委托权的逐级下移，造成了投资人以外不同主体充当外部审计的委托人，最终克服不了“购买审计意见”现象和公司经营当局要挟注册会计师以发表无保留意见的制度设计。承担组织经济责任的被审计人角色，在现实生活中，屡屡出现通过代理链向上传递给董事长、董事会，甚至股东大会，向下传递不承担决策性的会计部门的错位现象。尽管因审计委托人的专业知识薄弱，审计人要通过“审计业务约定书”来规避自己承担审计风险，但是也会出现现实角色与理想角色错位的注册会计师，因执业收入过少而承担审计责任过大的现象。目前环境审计的本质仍然沿袭上述审计本质脉络：“查账论”“方法过程论”“监督论”“经济控制论”。因此，它必然存在上述若干普遍存在的“扭曲现象”，笔者基于组织本质由经济性契约向作为社会平台企业的超契约（经济性契约网络、社会性契约网络与环境性契约网络，因环境资源产权多功能属性而将它们链接成超大契约，简称为超契约）演化，由此决定审计本质的演进——“查账论”→“方法过程论”→“经济监管论”→“经济控制论”。本书所提出的新环境审计模式的环境审计本质为弥补超契约非完备环境契约性，在其环境审计本质指导下的组织将会获得环境系统的免疫功能。尤其是从工业经济时代向知识经济时代的转变过程中，人力资本崛起，人们对社会环境、民生等逐渐关注，传统经济性契约的组织不可超脱地受社会性和环境性契约的约束本质日趋凸显。对于一个组织来说，这些变化都促使环境审计方在组织经济范畴内完成组织委托方赋予其经济控制的职能，逐渐演化为环境审计方利用组织自身治理机制以外的市场机制、政府治理机制、社会治理机制来实现组织在超契约范畴内的综合治理能力，该能力的功效使组织获得环境系统的免疫功能，在环境审计方职能演变过程中，体现了弥补超契约非完备环境契约性的新环境审计本质。这种环境审计本质的演化，是在经济性契约范畴内环境产权行为单向控制特征向超契约范畴内的环境产权行为双向控制特征之转变，为从超契约角度对环境审计模式再认识的研究提供了理论铺垫。

4.1.4 环境审计概念研究

《开罗宣言》中制定环境审计主要包括财务审计、合规性审计和绩效审

计。国际商会（ICC）认为环境审计是一种管理工具，它对于环境组织、环境管理和仪器设备是否发挥作用进行系统的、文化的、定期的和客观的评价，其目的在于通过简化环境活动的管理和评定公司政策与环境要求的一致性，从而达到公司政策要满足环境管理的要求。汤普森（Thompson，1994）、玛格丽特·莱特博迪（Margaret Lightbody，2000）等认为，环境审计是一种自我评估程序，组织借助环境审计可以确定其是否达到法律和内部环境目标的要求。黄友仁、林起核（1997）认为，环境审计是国家审计机关、社会审计组织、内部审计机构对环境政策、项目和活动独立进行检查，监督与环境政策、项目和活动有关的财政、财务收支的真实性、合法性，并对其经济、效率和效果进行评价、鉴证。刘长翠（2004）认为，作为社会责任审计的一个新兴分支——环境审计而言，由社会审计组织、内部审计机构以及国家审计机关根据各自相应的审计规范，对环境治理主体所实施的与环境有关的各项经济活动的合规性、真实性、有效性进行监督、鉴证与评价，以促进“环境治理主体所实施的与环境有关的各项经济活动”符合可持续发展的要求。蔡春（2006）从受托经济责任角度进行分析，认为环境审计从本质上来说仍然是一种控制活动，是对组织受托环境责任履行过程的控制，其目的在于保证受托环境责任的全面有效履行。纵观国内外环境审计概念，它们局限在经济范畴内，把环境资源作为经济资源的拓展部分，同时也把环境审计纳入有利于组织经济发展的范畴中，显然与环境、生态的可持续发展不能完全兼容。因此，环境审计概念应该包含人与自然之间的关系，因人与自然之间关系而形成的人与人之间与社会、经济之间的关系以及它们之间相互作用，也就是说从超契约的角度来定义符合环境产权行为特征的环境审计概念，才能解决以前环境审计概念不能涵盖生态环境可持续发展的问题。当然，本书所讲的环境产权行为与超契约是融合在一起的，这将在后文单独论述环境产权行为与超契约互为一体化，也就是说超契约是对复杂环境产权综合行为描述或表征复杂环境产权行为。

4.1.5　环境审计主体研究

国外学者对环境审计主体的研究，主要集中于注册会计师、内部审计人员在环境审计中的作用问题。汤姆林森（Tomlinson，1987）、托泽（Tozer，1994）等的调查表明，多数的环境审计团队，无论是内部的还是外部的，均主要由科学家和工程专家组成。摩尔（Moor，2005）等则从环境审计和财务报表审计关系的角度分析了注册会计师在环境审计中的作用。

国内学者对环境审计主体的研究，主要集中在注册会计师、内部审计以及国家审计三个方面：①以政府审计为主导；②内部环境审计、社会环境审计以及国家环境审计应共同执行，不分主次；③作为环境审计的主体力量的国家审计机关，环保部门必须配合国家审计机关所开展的工作，为环境审计提供技术和法律支持。其中绝大多数学者赞成环境审计以政府环境审计为主导。事实上，上述专家学者的研究忽视了环境问题到底是谁造成的，即无论是生态环境还是自然环境，它们只能是“自然状态”，它们的主体均应该纳入是谁造成环境问题以及如何解决问题的组织或个体之中，因此我们应该从环境资源产权行为角度来分析与重构环境审计主体。依据资源基础理论（或资源依赖理论）来确定构成环境审计主体的“成分”是研究本书环境审计主体构成的基础理论，也是构成超契约的核心理论，同时也是通过环境资源配置结果来对环境产权行为进行界定的关键要素。

4.1.6 环境审计假设研究

审计作为一种客观的社会现象，它的产生与发展必有其基本前提与约束条件。基于基本前提与约束条件抽象出审计科学研究之前提条件——审计假设，它是构架审计理论模式的基石之一。目前环境审计假设仍承袭传统审计研究范式，虽继承了产权经济学某些基本假设，却局限于专业视角不同而对其不同假设描述存在某些非本质性的差异。无论是王学龙（1997）的八大环境审计假设，张以宽（1997）的六大环境审计假设、杨智慧（2003）的四项环境审计假设，还是蔡春（2002）通过对莫茨和夏拉夫的“八项审计假设”、汤姆·李的“三类十三项审计假设”以及弗林特的“七项审计假设”进行批评吸收形成的蔡氏“五项审计假设”，都存在这一问题。尽管将与组织利益相关的环境资源产权配置与交易活动纳入经济性契约范畴之中，拓展了传统审计假设体系的范围，但仍是从组织委托方描述环境审计之受托责任，集中体现“三方审计关系”的经济控制论（或经济责任论）的环境审计本质。从契约视角来看，莫茨和夏拉夫的“八条审计假设”、汤姆·李的“三类十三条审计假设”、尚德尔的“五条审计假设”以及费林特的“七条审计假设”均局限于弥补受托

责任方的经济性契约非完备部分，但其中汤姆·李的“会计信息缺乏足够的可信性”假设与费林特的“受托经济责任关系或公共责任关系是审计存在的首要前提”假设，已然涉及审计产生的真正根源：“信息非对称”“契约不完备”。而解决这些根源性缺陷也正是产权产生以及产权行为集体表征的具体形式。如果把企业看作社会平台，那么本书的研究是把企业定义为超契约本质，借此“真正根源”所形成弥补超契约非完备环境审计契约本质，并得出指导环境主体的环境假设。

4.1.7 环境审计目标研究

随着经济发展，经济体中的投资主体地位也在不断发生变化，为之服务的审计目标自然也随之发展演变。在工业经济初期，经济体规模相对较小，初始“股权式”投资主体相对集中且数目较少。因此，无论是政府审计、内部审计还是民间审计，“揭弊查错”成为当时唯一的或居于绝对统治地位的审计目标。在经济发展进程中，经济体规模不断扩大，催生了信贷业务发展。经济体初始“股权式”投资主体的主导地位逐渐被初始“债权式”投资主体所替代，这就要求审查经济体的资产负债表来调查组织信用情况，从而判断其偿债能力，防止出现信用危机，保护自己权益。尤其是 20 世纪 30 年代的经济危机引起了人们对经济体目前及未来盈利能力的极大关注。初始“债权式”投资主体要求除审计资产负债表外，还要对表明经济体盈利能力的损益表（利润表）进行审计。至此，“揭弊查错”这一审计目标逐渐为“确定财务表达之公允性”所取代。然而，“将审计师之职能描述为对财务报表或信息表示意见或赋予其可信性并没有揭示出审计的社会职能或基本目标，社会审计理论概念的出现，有力地证明赋予财务报表的可信性仅仅只是审计之社会职能（目标）的一种表象”。这种千姿百态表象背后必然隐含着某种共同的、本质的东西，即审计终极目标。依据组织委托代理的经济性契约本质，蔡春（2002）教授将环境审计目标概括为“确保受托环境保护和管理责任的全面有效履行”。

随着以人为本的知识经济发展，为了维护天赋人权之人权地位，人们对环境成本以及环境问题日益关注，以利益相关者价值为导向的弗里曼（Freeman，1984）、布莱尔（Blair，1995）、唐纳森和普雷斯顿（Donaldson and Preston，1995）等学者视组织为社会平台，以此反驳以股东价值为导向的威廉姆逊

（Williamson，1975）、詹森和梅克林（Jensen and Meckling，1976）、阿尔奇安和伍德沃德（Alchian and Woodward，1998）等学者所认为的投资于组织非人力资本的专用性资产所有者，才有权享有组织剩余价值索取权的资本所有者观点。他们认为，除股东以外的其他利益相关者对组织不仅进行了非人力资本的专用性资本投资，还进行了组织人力资本的专用性资本投资，它们均分担了组织所承担的市场风险，履行公司所承担的社会责任，拓宽了环境审计空间。环境审计目标由受托经济责任全面有效履行拓展到受托经济社会责任的全面有效履行。然而自然环境是人类生存发展的依赖性基础，社会责任必然要维护人类的自然本能——繁衍生息，因此，针对环境审计市场而言，环境审计目标应该是组织委托方、受托方与环境审计方共同努力而实现预期的目标，这才是本书所要再认知的环境审计目标。

4.1.8 环境审计内容研究

国内外学者对环境审计的内容研究基本上是民间审计内容的延伸，将环境资源纳入经济系统，大多数审计学者仍坚持经济控制论的“单向三方审计关系”。从受托权的角度，汤普森等认为，环境审计内容基于组织工艺流程环节可分为循环审计、环境管理系统审计、交易审计、处理、储存和处置设备审计、污染防范审计、环境负债审计、产品审计等。英国工业联盟（CBI）认为环境审计的内容应包括：新开发项目环境影响评估；新建组织环境全面调查研究；环境检查、监督和监视；环境管理系统审计；生态审计和ISO14000认证；环境信息的独立鉴证等方面。德国环境审计的内容包括合规性审计、经济效益审计和咨询服务三种。我国学者也提出了许多类似的观点：环境审计可以划分为环境合规性审计、环境财务审计和环境绩效审计，对此环境审计内容的界定与国外对环境审计内容界定基本类似，在此不作赘述。因此，环境审计是一种控制活动，即对组织受托环境责任履行状况的控制，其目的在于保证受托环境责任全面、有效履行，虽然表述上有所不同，但总的来说仍然延续民间独立审计的财务收支性、合规性以及绩效性，它把环境审计划分为环境财务收支审计、环境合规性审计和环境绩效审计三大类，这也说明目前的环境审计模式与传统审计模式并没有根本上的区别。

环境审计有其本身的新特征。环境系统具有整体性、资源有限性、累积放

大性和隐现性。另外，“累计性”“积累效应”“间接性”“连带性”“二次性”，它们最终归结于环境影响在时间上具有“持续性”或“先隐后显”这一特殊性质。环境影响的“持续性”决定了环境影响不可能只是一次性的、即时的直观后果。环境影响通常在三五年，或三五十年后，甚至更久以后才能看到其真正效果。环境审计不同于其他“事前”“事中”“事后”的一次性审计，而是可持续性审计，且审计评价标准化和衡量标准的确立较难，审计风险较大。目前受托环境责任审计很难完全地解决目前恶性的环境问题，因此，从造成环境问题的权利源头上研究环境审计显得尤为重要。直至现在，很少有人从委托权与受托权对等的角度去研究环境审计资源配置的环境审计模式，这也是本书研究的主要动因。

总而言之，上述分析对再造环境审计模式所涉及的环境审计方面最新研究成果做了综述，下面对再造环境审计模式所需其他理论观点做一下梳理。①外部性理论与环境质量公共物品经济分析理论。市场失灵的重要表现就是外部不经济，需要依靠政府才能纠正市场失灵的现象，环境资源具有公共性和无形性的特点，因此与环境有关的外部性将无法通过个别排放者与受害者之间的有效私人交易来解决，而必须采用更广的范围途径去解决。②可持续发展理论。资源使用实现“代内公平”和“代际公平”。③大循环成本理论。从定性和定量上将环境损失、费用纳入成本计算，强调人类的生活方式对环境资源的破坏性消耗，必须予以充分补偿，在产品价格的形成、劳动服务的提供中有所体现，形成环境补偿资金。④经济的外部性理论。外部性的副作用引起的经济责任如何分配和处理。⑤环境资源价值理论：一切环境资源都具有而且应当具有价值，资源的效用和稀缺相结合产生价值，明确了使用环境资源的组织要承担经济责任。

尽管人们对形成环境审计模式的基础理论表述不同，但他们均强调人与自然和谐的省际转移平衡以及人与人之间和谐的代际转移平衡。在人类社会发展历程中，人与自然和谐是人与人之间的社会和谐基础。因此，仅从人与自然关系所抽象出的各种理论作为构建环境审计模式理论预设，显然不能设计出有效的环境审计理论模式，更难以用它去指导审计实践。

4.2 相关理论观点的提炼

下面针对再造环境审计模式所涉及的契约理论、产权理论、公共物品理论、外生性理论、可持续发展理论、大循环成本理论以及环境资源价值理论中部分观点进行梳理，为研究再造环境审计模式所需理论观点做铺垫。

4.2.1 契约理论

根据国内外经济学家对契约理论的分类或者流派的研究，目前较为一致的共识主要有：委托代理理论、不完全契约理论以及交易成本理论构成论理论三个理论分支，这三个理论之间既有联系，又有区别。本书利用它们之间的区别来构建新的环境审计模式理论体系。例如，利用委托代理理论来界定本书所提出的环境审计社会委托方、环境审计组织委托方、环境审计组织受托方以及环境审计方来描述"双向四方环境审计关系"；利用不完全契约理论来解释环境审计产生的原因并解释环境审计本质，即由于环境契约的不完备，需引入环境审计方来最大限度弥补环境契约不完备部分，这为论证环境审计本质就是补全超契约内环境契约不完备部分的环境审计契约本质提供了理论依据；利用交易成本理论来界定环境产权行为边界，即社会边际成本等于私人边际收益。同时本书拓展了交易成本范畴，从经济范畴拓展到社会范畴与环境范畴，使环境产权行为活动空间置于超契约的范畴内，它不仅拓展了本书再造环境审计模式的应用范围，而且创新性地为构建环境审计主体提供理论支撑。此外，本书利用这三支理论之间的联系，为构建具有有机性的环境审计主体以及具有合理性、科学性的环境审计模式理论体系提供了理论联系的基石。

4.2.2 产权理论

著名的科斯定理认为只要交易费用为零，同时允许自由交易，产权的初始安排对效率就没有影响。但在现实经济生活中存在交易费用是常态，因此科斯定理的实质是要说明，只要交易界区是清晰的，资源配置就能有效，也就是说交易费用的存在使产权的界定十分重要。换言之，产权界定明确措施等是降低交易成本的基础，也是减少交易摩擦的润滑剂。基于这种认识，交易成本经济学自 20 世纪 80 年代以来转向了企业组织理论。G. 斯蒂格勒、张五常等产权理论研究者对科斯定理的解释与威廉姆森的交易成本理论一致，都属于交易成本经济学的解释。诺贝尔经济学奖得主科斯是现代产权理论的奠基者和主要代表，他一生所致力研究的并不是经济运行过程本身，而是经济运行背后的财产

权利结构，即运行的制度基础。因此，可以推论出他的产权理论起源于对制度含义的界定，而制度本质就是契约，从这个意义上来讲，产权理论与契约理论在本质上是一致的。科斯所提出的交易成本的范畴仅局限于经济性契约范畴之内，而本书将交易费用从经济性契约范畴拓展到社会性契约与环境性契约范畴。目前造成全世界环境问题日趋恶化的根源在于两个方面：一方面是由环境契约本身非完备性造成的；另一方面是如果环境性契约完备，那么与它交互部分的经济性契约或社会性契约的非完备也有可能造成环境问题，因为环境资源主体是“天赋”的，也就是环境资源产权主体是虚拟的或虚置的，所以作为经济性契约或社会性契约的主体可以越位或篡位夺权，它们的契约非完备性也会造成环境问题的迭起。

因此，本书从超契约与环境产权相容的角度研究造成日趋恶化的世界性难题之一——环境问题的环境产权行为及其行为结果，可以说是基于环境产权行为的视角来分析新环境审计模式的再造过程、再造结果以及再造原理。

4.2.3 公共物品理论

最早研究公共物品理论应该是保尔·萨缪尔森，他指出公共物品是指每个人对某种产品的消费不会导致其他人对该产品消费的减少。随后马斯格雷夫（Musgrave）等人在萨缪尔森的公共物品理论基础上做进一步研究和完善，逐步形成了具有消费的非竞争性与非排他性的两大公共物品特性。本书研究的环境审计中，政府与社会配置具有纯公共物品的环境资源，它们具有消费的非竞争性与排他性的两大公共物品特性，这为我们鉴证公有环境产权资源的计划配置行为及其行为结果提供了理论依据，同时为本书探索环境审计主体的构成也提供了理论基础。后来经济学者对公共物品所具有的消费的非竞争性与非排他性进行适当放宽，就出现了所谓准公共物品，使得环境主体通过环境市场将具有公共产权的环境契约嵌入到经济契约之中，产生了大量准私有的环境资源产品。因此，公共物品理论中的准公共物品特性为研究经济契约网络与环境契约网络的交叉结网及本书所提出的超契约理论提供了理论支撑，这不仅为由双重资源属性外化向具有交叉学科专业背景的多功能的环境审计主体演变提供了理论支撑，也为厘清环境委托与受托责任提供理论依据。

4.2.4 外部性理论

国内外学者关于外部性定义不外乎两类：一类是从外部性的产生主体角度来定义，譬如，萨缪尔森和诺德豪斯指出“外部性是指那些生产或消费对其他团体强征了不可补偿的成本或给予了无需补偿的收益的情形”；另一类是从外部性的接受主体来定义，譬如，兰德尔指出外部性是用来表示“当一个行动的某些效益或成本不在决策者的考虑范围内时所产生的一些低效率现象。也就是某些效益被给予，或某些成本被强加给没有参加这一决策的人”。

上述定义在本质上是一致的，都是生产活动所导致的生产行为所带来的外部性与消费行为。也就是一个经济行为主体对另一个经济行为主体产生一种外部影响，而这种外部影响又不能通过市场价格进行买卖。因此，针对环境事项的审计，环境资源产权绝大多数属于公有或共有环境产权，这些资源在环境产权配置与交易过程中极易产生代际内部性与代际外部性，本书借助外部性理论（稳定性理论与非稳定理论）产生外部性的前提条件、竞争条件与垄断条件以及外部性的方向，单向与交互来厘清政府环境治理机制与社会环境治理机制，这为由政府与社会组成的环境审计社会委托方的环境产权再界定、再保护、再报告以及作为环境公有产权或共有产权的环境审计主体的产生提供了理论依据。

4.2.5 可持续发展理论

国内外经济学者对可持续发展理论的研究中，被国际社会普遍接受的布氏定义是指既满足当代人的需要，又不对后代人满足其需要的能力构成危害的发展。当然，与任何经济理论和概念的形成和发展一样，除了布氏定义外，不同流派从不同角度定义了可持续发展的概念：①侧重自然属性定义可持续发展。1991 年 11 月，国际生态学协会（Intecol）和国际生物科学联合会（IUBS）联合举行关于“可持续发展问题”的专题讨论会，从生物圈概念的视角认为可持续发展是“保护和加强环境系统的生产和更新能力”。希望寻求一种绝佳的生态系统以支持生态的完整性并实现人类愿望，使人类的生存环境得以保持。②侧重从经济属性定义可持续发展。其中具有代表性的定义是，Edward B. Barbie 提出“在自然资源的质量不降低和其所提供服务得到保持的前提下，最

大限度地增加经济发展的净利益”；还有经济学家提出“未来的实际收入不会因今天的资源使用而减少”。无论是哪一种表达方式，他们都认可可持续发展的核心是经济发展，但绝不是以牺牲资源和环境为代价，而是以“不降低环境质量和不破坏世界自然资源基础的经济发展”。③侧重从社会属性定义可持续发展。1991 年，联合国环境规划署、世界自然保护同盟和世界野生生物基金会共同发表了《保护地球——可持续生存战略》（Caring for the Earth：A Strategy for Sustainable Living），从旨在改善人们生活水平与创造美好生活环境的角度定义可持续发展为：“在生存于不超出维持生态系统涵容能力的情况下，提高人类的生活质量”，并且提出可持续生存的九条基本原则。④侧重从科技属性定义可持续发展概念。其中具有代表性的定义为：“可持续发展也就是通过更清洁、更有效的技术和尽可能接近‘零排放’或‘密闭式’的工艺方法达到尽可能减少能源和其他自然资源的消耗”。该定义可以诠释为只有“建立极少产生废料和污染物的工艺或技术系统，才能实现人类社会的可持续发展”。上述不同流派的可持续发展定义，不仅为本书提出超契约提供支撑性理论，为环境产权行为的属性分类以及环境审计范围划分提供操作指南，还为构造环境审计主体及界定环境审计社会委托方、环境审计组织委托方和环境审计组织受托方提供了相应的理论支撑。目前与他们承袭主流经济学观点一脉相通的主流环境审计学者是把可持续发展理论排斥在环境审计理论体系之外。因此将可持续发展理论引入研究环境审计模式再造的理论体系之中，不失为本书一项创新之举。

4.2.6 大循环成本理论

大循环成本理论是从整个物质世界循环的过程看待成本，它不仅要考虑人类劳动消耗的补偿，而且要充分考虑自然界各种物质资源消耗破坏的补偿及更新或复制。目前环境审计范围主要是纳入经济范畴的各种环境事项。因此，它承袭传统的循环成本理论，也就是经济范畴以外的自然资源成本没有被纳入循环成本中，没有将自然界的物质如水、空气、矿物质视为有价值的资产在传统环境审计对象之一的会计报告中得以反映。这不仅虚增了企业经济利润，而且将环境责任推卸给社会，是环境审计无法遏制全球不断恶化的环境问题的根本原因之一。本书将企业视为社会平台，在超契约范畴内对环境产权行为的动因与结果进行环境审计。因此，与超契约范畴逻辑一致的成本循环，只能是大循环成本理论，因为环境审计对象包括社会成本、经济成本，更重要的是除纳入经济范畴内的环境事项成本外还包括自然环境本身事项的成本，它为环境审计社会委托方的社会环境责任的界定、公有环境产权的再界定、再保护以及再报告提供了理论依据。

4.2.7 环境资源价值理论

环境资源价值是指环境资源本身的存在价值，并且包括其对目前的生产或消费所有的贡献以及能直接满足或间接支持目前生产或消费活动获益的价值。由于环境资源产权具有公共产权属性，目前人类认知环境资源性能的水平不够高、评估技术方法有限，只有部分环境资源物品或服务在市场中得到认同，大部分环境资源的价值都无法在市场中自动或直接体现，只有通过特定的环境技术与评价方法将其计算出来，才能使环境资源价值尽可能真实地进入环境审计市场中得以运行，实现环境资源的合理利用和最优配置，让环境责任得到环境审计社会委托方、环境审计组织委托方以及环境审计组织受托方的全面履行。对此我们可利用剂量—反应方法（dose - response technique）、生产率变动法（changes in productivity approach）、疾病成本法和人力资本法（cost of illness approach & human capital approach）以及机会成本法的可直接环境产权交易价值评估；内涵资产定价法（hedonic property pricing）、防护支出法与重置成本法（preventive expenditure approach & replacement cost approach）以及旅行费用法（travel cost approach）的揭示偏好价值评估法；投标博弈法（bidding game approach）、比较博弈法（trade - off game approach）以及无费用选择法（cost-less choice approach）的意愿调查价值评估法对本书再造的环境审计模式的被解释变量、环境审计质量高低的指标进行量化。

4.3 环境审计本质理论解析

近年来，“安然事件”“银广厦事件”“红光事件”及最近的“科龙—德勤事件”等，不仅给利益相关者造成了巨大的经济损失，而且还危及审计职业的生存。为此，国内外许多审计学者正试图冲破传统“单向三方审计关系”的理论束缚，从公司外部因素对组织环境审计委托制度进行渐进式革新，但他

们仍未脱离“零嵌入性”的“经济控制论”的现代审计本质，致使在构建审计模式中存在着先天性的不足。然而人们对自身的权利追求与保护以及人们对社会、环境问题的日渐关注，正成为当前审计学者研究的热门课题。“单向三方环境审计关系”试图约束环境审计方在组织拓展经济性契约范畴内来弥补原属于非完备性环境委托方契约那部分，以达到彰显经济控制论的环境审计本质。但造成环境问题日趋恶化的原因，不仅仅是环境资源受托方的责任，也是环境资源委托方的责任，因此，“双向四方环境审计关系”将试图约束环境审计方在超契约范畴内来弥补原属于非完备性环境委托方契约那部分，以及弥补由于非完备经济契约或非完备社会性契约造成完备性环境性契约因环境资源产权主体的虚位或缺位而导致成为实质上非完备性环境性契约的那部分。在此分析基础上，本章试图从经济性契约组织的“单向三方环境审计关系”的经济控制论审计本质推演出超契约组织的“双向四方环境审计关系”来弥补超契约非完备性审计本质。

4.3.1 “单向三方环境审计关系”的理论分析

目前，关注经济效率的主流经济学观点将环境事项纳入组织这个单一经济系统之中，作为弥补组织委托方的非完备环境性契约的第三方——环境审计，它仍承袭了主流经济学观点，即理性经济人假设和帕累托改进的社会福利判断标准，环境审计本质自然是经济控制论或经济责任论。以自律性审计职业标准、审计职业道德规范以及他律性审计职业法律和社会道德来保证审计方在精神状态上保持“超然独立”的环境审计立场，并试图约束环境审计方在组织拓展经济性契约范畴内来弥补原属于非完备性环境委托方契约那部分，以达到彰显经济控制论的环境审计本质。因此，环境审计作为组织委托方产权一部分或衍生部分，主张如图4.1所示的“单向三方环境审计关系”。下面根据“单向三方环境审计关系”，借鉴委托代理经济模型对环境审计本质做经济数理解析，并根据“单向三方环境审计关系”做如下定义。

定义1：A 代表属于组织任意一个组织受托方（环境审计受托方）所有可选择的环境产权有效配置行动的组合，$a \in A$ 表示 A 中某个组织受托方环境产权有效配置的一维连续变量，$\forall a \in [\underline{a}, \bar{a}]$。$\pi$ 表示仅组织受托方环境产权有效配置结果的可观测变量，且 π 是 a 的严格递增的凹函数（$\partial \pi / \partial a > 0$,

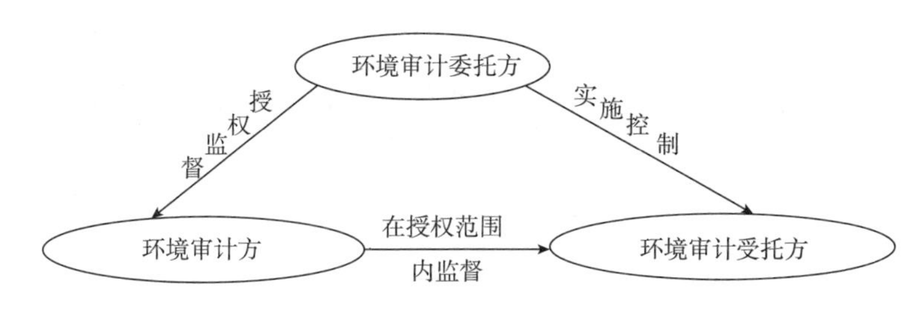

图 4.1　单向三方环境审计关系

$\partial^2\pi/\partial a^2 < 0$）。$\pi$ 的分布函数和分布密度函数分别为 $F(\pi)$ 和 $f(\pi)$ 。$\forall\pi \in [\underline{\pi},\bar{\pi}]$ ，$F_{\underline{a}}(\pi) \leqslant F_{\bar{a}}(\pi)$ ，其中严格不等式至少对于某些 π 成立。组织委托方（环境审计委托方）设计一个激励合同 $s(\pi)$ 。组织委托方和组织受托方的 $v-N-M$ 期望效用函数分别为 $v(\pi - s(\pi))$ 和 $u(s(\pi)) - c(a)$ ，其中 $v' > 0$，$v'' \leqslant 0$；$u' > 0$，$u'' \leqslant 0$；$c' > 0$，$c'' > 0$ 。环境审计方接受组织委托方的委托对组织受托方监督，通过环境产权进行再界定、再保护以及再报告等来提供呈现函数形式的信息，该函数表现为 $z(a,\theta_1)$ ，$\partial z/\partial a > 0$，$\partial z/\partial\theta_1 > 0$（$\theta_1$ 为组织委托方支付的审计费用）。在不同环境产权有效配置下 π 和 z 的联合分布密度函数分别为 $h_a(\pi,z)$ 和 $h(\pi,z)$ 。如图 4.2 所示。

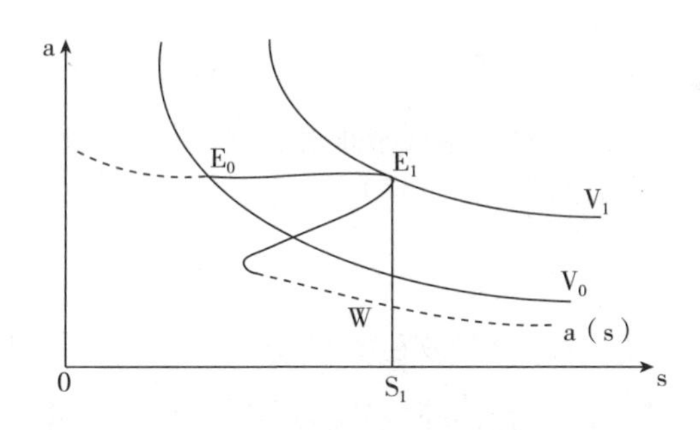

图 4.2　既定合同下环境产权有效配置非唯一性

（1）“单向三方环境审计关系”的解析

组织委托方依据 π 和 z 对组织受托方进行奖惩，将 π 和 z 同时写进合同。即含“单向三方环境审计关系”的环境审计委托方（即组织委托方）合同为 $s(\pi,z)$ 。审计委托方选择 $s(\pi,z)$ 最优化问题为：

$$\max_{s(\pi,z)}\iint_{\pi z} v(\pi - s(\pi))h(\pi,z)dzd\pi\ ;$$

$$s.t.\ (IR)\ \iint_{\pi z} u(s(\pi))h(\pi,z)dzd\pi - c \geqslant \bar{u} \tag{4.1}$$

$$(IC)\ \iint_{\pi z} u(s(\pi))h(\pi,z)dzd\pi - c \geqslant \iint_{\pi z} u(s(\pi))h_a(\pi,z)dzd\pi - c(a) \tag{4.2}$$

"单向三方环境审计关系"的环境审计委托方最优化问题是环境审计委托方的期望值大小，即由 π 和 z 的联合密度函数 $h_a(\pi,z)$ 和 $h(\pi,z)$ 取得。λ 和 μ 分别为参与约束（participation constraint）IR 和激励相容约束（incentive compatibility constraint）IC 的拉格朗日乘数。那么，上述最优化问题的一阶条件是：

$$v'(\pi - s(\pi,z))/u'(s(\pi,z)) = \lambda + \mu[1 - h_a(\pi,z)/h(\pi,z)] \tag{4.3}$$

在环境审计委托方与环境审计受托方之间的委托代理关系中，如果 a 取 $\underline{a}$ 和 $\bar{a}$，那么环境审计委托方选择激励合同 $s(\dot{\pi})$，解下列最优问题

$$\max_{s(\pi)}\int v(\pi - s(\pi))f(\pi,a)d\pi\ ;$$

$$s.t.\ (IR)\ \int u(s(\pi))f_{\bar{a}}(\pi,a)d_{\pi} - c(\bar{a}) \geqslant \bar{u}$$

$$(IC)\ \int u(s(\pi))f_{\bar{a}}(\pi,a)d\pi - c(\bar{a}) \geqslant \int u(s(\pi))f_{\underline{a}}(\pi,a)d\pi - c(\underline{a})$$

令 λ' 和 μ' 分别为参与约束 IR 和激励相容约束 IC 的拉格朗日乘数。那么，上述最优化问题的一阶条件是：

$$v'(\pi - s(\pi))/u'(s(\pi)) = \lambda' + \mu'[1 - f_{\underline{a}}(\pi)/f_{\bar{a}}(\pi)] \tag{4.4}$$

统计学上，似然率 $f_{\underline{a}}/f_{\bar{a}}$ 度量观测者观测到的 π 在多大程度上来自分布 $f_{\underline{a}}$ 而不是分布 $f_{\bar{a}}$。从另一角度看，环境审计委托方似乎根据贝叶斯法则从观测到的 π 修正环境审计受托方环境产权有效配置的后验概率。为了说明这一点，令 $r = prob(\bar{a})$ 为环境审计委托方认为环境审计受托方选择 $\bar{a}$ 的先验概率，$\tilde{r}(\pi) = prob(\bar{a}\pi)$ 为环境审计委托方在观测到 π 时认为环境审计受托方选择了 $\bar{a}$ 的后验概率。根据贝叶斯法则，$\tilde{r}(\pi) = f_{\bar{a}}r/[f_{\bar{a}}r + f_{\underline{a}}(1 - r)]$，

因此，$f_{\underline{a}}/f_{\bar{a}} = [r - rr(\tilde{\pi})]/[r(\tilde{\pi})(1 - r)]$，将其式代入式（4.4）得：

$$[v'(\pi - s(\pi))]/[u'(s(\pi))] = \lambda' + \mu'(r(\pi \ \tilde{\pi}) - r)/r(\pi \ \tilde{\pi})(1 - r) \tag{4.5}$$

比较条件（4.3）和条件（4.4）、条件（4.5）可以看出，如果下列条件成立：

$$h_{\underline{a}}(\pi, z)/h(\pi, z) = f_{\underline{a}}(\pi)/f_{\bar{a}}(\pi) \tag{4.6}$$

环境审计委托方没有从环境审计方的环境产权有效配置函数 z 得到任何额外信息。根据霍姆斯特姆（1979）证明，当且仅当条件（4.6）不成立时，$s(\pi, z)$ 的帕累托优于 $s(\pi)$；就是说，只有当 z 影响到似然率 h_a/h 时，环境审计委托方才有必要聘请环境审计方对环境审计受托方的受托权履行状况进行环境产权再界定、再保护。

（2）“双向四方环境审计关系”的产生。

前文分析，环境审计委托方需要作为“公正”人身份的第三方——环境审计来提供反映环境审计本质的环境审计信息来设计有效合同，这就天然地要求环境审计方具备超然独立的环境审计本质特征。为此，对审计本质所表征的特征进行如下解析：环境审计委托方的期望效用函数为：$\int v(\pi - s(\pi))f(\pi, a)d\pi$。他选择 a 和 $s(\pi)$ 最大化其期望效用函数，他将面临来自环境审计受托方的激励相容约束和参与约束。当 a 是一个一维连续变量时，分布函数的一阶随机占有条件为：$F_a(\pi, a) = \partial F/\partial a < 0$，对 $\forall \pi \in [\underline{\pi}, \bar{\pi}]$，如果 $a > a'$，$F(\pi, a) < F(\pi, a')$。对于任何给定的激励合同 $s(\pi)$，环境审计受托方总是选择最优的 a 最大化期望效用函数：$\int u(s(\pi))f(\pi, a)d\pi - c(a)$。根据莫里斯（1974）和霍姆斯特姆（1979）的研究，环境审计受托方的激励相容约束可以用一阶条件代替：

$$\int u(s(\pi))f(\pi, a)d\pi = c'(a) \tag{4.7}$$

环境审计受托方从接受合同中得到的期望效用不能小于不接受合同时能得到的最大期望效用。即参与约束可以表述为：

$\int u(s(\pi))f(\pi, a)d\pi - c(a) \geq \bar{u}$。因此，环境审计委托方最优化选择表达如下：

$$\max_{s(\pi)} \int v(\pi - s(\pi))f(\pi, a)d\pi$$

$$s.t.\ (IR)\ \int u(s(\pi))f(\pi,a)d\pi - c(a) \geqslant \bar{u}$$

$$(IC)\ \int u(s(\pi))f(\pi,a)d\pi = c'(a)$$

令 λ'' 和 μ'' 分别为参与约束 IR 和激励相容约束 IC 拉格朗日乘数。构造拉格朗日函数为：$L(s(\pi)) = \int v(\pi - s(\pi))f(\pi,a)d\pi + \lambda''(\int u(s(\pi))f(\pi,a)d\pi - c(a) - \bar{u}) + \mu''(\int u(s(\pi))f(\pi,a)d\pi - c'(a))$。

最优化的一阶条件是：

$$v'(\pi - s^*(\pi))/u'(s^*(\pi)) = \lambda'' + \mu'' f_a(\pi,a)/f(\pi,a) \tag{4.8}$$

其中最优激励合同 $s^*(\pi)$ 只是对似然率 $f_a(\pi,a)/f(\pi,a)$ 是单调的：$f_a(\pi,a)/f(\pi,a)$ 越大，$s(\pi)$ 越小。

当 $\mu'' = 0$ 时，环境审计委托方能观测环境审计受托方环境产权有效配置 a，则：

$$v'(\pi - s^*(\pi))/u'(s^*(\pi)) = \lambda'' \tag{4.9}$$

将成为他们的帕累托最优风险分担的条件。

根据式（4.3）和式（4.8）比较，当 a 是一维连续变量时，如果新的变量 z 包含更多环境审计信息，z 进入合同形成“三方环境审计关系”不仅可以降低风险成本，而且可以提高环境审计受托方的环境产权有效配置。但是式（4.8）和式（4.3）一阶条件并不能保证最优解的唯一性；也就是说，对于一个给定的 $s(\pi,z)$（$\partial z/\partial a > 0$，$\partial z/\partial \theta > 0$），环境审计受托方的最优化条件（4.1）可能有多个解。这一点反过来意味着最优条件（4.2）并不能保证解是最优的。这一点可以利用图 3.2 来说明。图中，$s = s(\pi,z)$ 代表任意激励合同（不是数值），根据环境审计委托方的偏好从左到右排列（给定 a，环境审计委托方偏好右边）。满足一阶条件（4.1）的最优努力水平由曲线 $a(s)$ 代表。v_0 和 v_1 是环境审计委托方的两条无差异曲线（尽管 a 不直接进入效用函数 $v(\pi - s(\pi))$，但通过分布函数 $f(\pi,a)$ 影响期望效用）。由条件（4.2）决定的最优解是 E_1，因为它在满足条件（4.9）的情况下达到最高的无差异曲线。但是，实际的最优解是 E_0，因为它是环境审计委托方得到的最好结果。由于 $\partial z/\partial a > 0$，$\partial z/\partial \theta > 0$，$z$ 最优解也不唯一。因此，把环境审计作为环境审计委托方部分环境产权或环境产权延伸产物而形成单向的“传统三方环境审计关系”是不能保证“超然独立”的环境审计本质特征得以彰显。

格罗斯曼和哈特（1983）及罗杰森（1985）导出了保证一阶条件方法有效性的条件。他们证明，如果分布函数满足 MLRP 和凸性条件（convexity of distribution function condition，CDFC）。在 CDFC 下，对于任何给定的 $s(\pi,z)$，满足一阶条件（4.7）的 $a(s)$ 是唯一的①。根据 CDFC 条件，我们推论出只有环境审计组织委托方和环境审计受托方的双方均需要审计来维护各自权利，才能补救原契约不完备部分，并运用环境审计技术来降低双方信息不对称程度。对于环境审计委托方来说，环境审计方通过对环境审计受托方的受托权利履行状况进行环境产权再界定、再保护、再报告等，向环境审计委托方提供他们所不能观测到的环境审计受托方环境产权有效配置信息，从而有利于环境审计委托方制定完备激励合同；对于环境审计受托方来说，通过环境审计方对环境审计委托方的委托权安排进行环境产权再界定、再保护、再报告等来获取与保护自身应有的权利，同时有利于环境审计委托方的委托权更好地配置。显然，环境审计费用也应该是环境审计委托方、环境审计受托方与环境审计方之间均衡博弈的结果。萨格登、扬等人运用演化稳定均衡策略（ESS）概念以及内生博弈规则论证了制度的内生性，而黄少安（2000）、周小亮（2001）等通过实证检验得出环境产权制度具有边际收益递减性。因此，具有补救原委托代理契约不完备部分的环境审计产权制度应该具有边际效益递减的特征，符合 CDFC 条件。笔者正是基于 CDFC 和 MLRP 条件，持“嵌入性”的立场来构建如图 4.3 所示的“双向四方环境审计关系”，它迎合了当前社会环境下的环境审计本质特征。

4.3.2 “双向四方环境审计关系”的形成

在工业经济时代，随着交通和通信技术的迅猛发展，资本在世界范围内流动，加速生产要素、知识和信息的跨国配置，以“利己主义”为指导的人性资本化制度安排加速，自然资源因被过度掠夺而日趋枯竭，经济增长陷入米多斯（1972）“增长的极限”的危险境况。同时，人力资源膨胀，综合素质下降

① 唯一性的求解过程，因为证明过程非常技术性，这里从略，有兴趣读者参阅哈特和霍姆斯特姆的原文。

造成了生态环境恶化，严重威胁了人类的生存与发展，使人类面临生态环境良性循环可持续运行危机。显然，承袭主流经济学的观点，即组织经济性委托代理契约本质很难解决目前组织与社会、环境之间的问题。目前，环境审计市场中“单向三方环境审计关系”的现实角色与理想角色的“错位”现象具有一定的普遍性。究其根本原因：主流环境审计理论仍持“零嵌入性”的立场并承袭“资本雇佣劳动”的主流组织理论观点，将环境审计视为环境审计委托方的环境产权的一部分或延伸产物。伴随着知识经济的到来，人们的观念逐渐从“物本”中心观向“人本”中心观转变。在经济信息化和知识化的推广过程中，人力资本地位不断提升、人们对社会环境问题日益关注，这预示着人们的观念由“资本雇佣劳动观”的经济性契约向“资本与劳动和谐观”的超契约（至少为综合性契约）方向转变。国内外许多环境审计学者已经突破奉行“原子主义”的经济性契约的组织本质，正试图从公司外部对公司环境审计委托方制度进行改革。但他们仍然坚持“单向三方环境审计关系”来构建自己的环境审计模式、因而很难获得理论上的完美解释。

在“资本与劳动和谐”的知识经济时代，人们崇尚知识，追求人权。“自由的人不愿成为他人的工具，社群的核心成员更应该被作为公民来对待，而不仅仅是员工或人力资源”。目前许多组织中出现的问题是因为组织自身站在阻碍其成员发挥潜能的立场上，而组织的任务应该是确保其成员潜能的发挥且方向正确。对于组织来说，应该摒弃旧的“战略—结构—系统”管理结构体系，建立一种用途更加广阔、更有生命力的“目标—过程—员工”新管理结构体系。在新的组织管理结构体系中，人力成为一种资产以后，潜在的合同必须改变形式。一种可能的解决方案是将员工变成组织成员，也就是说，对于组织的骨干核心，将雇佣合同转变为会员合同。组织成员拥有权利，同时也承担责任。只有这样，才能使人性寓于科学技术、组织流程、技术运用、竞争和协作之中，使组织的各种资本达到高度耦合，促使组织从“物本经济”向“人本经济”转变。

这样的转变促使人们对组织本质的认识方式从“零嵌入性”立场向“嵌入性”立场转变，同时也带来了探索组织资源配置活动规律的范式革命：从

"产权范式"向"人权[①]范式"的变革。事实上，由"两权分离"而导致的受托经济责任关系形成只是产生"单向三方环境审计关系"的重要前提，并非全部原因。即使在承袭"主流经济学观点"的委托代理关系契约中，经济性权利、义务和责任的规定也不完全是所有者决定的，而是所有者与使用者双方协议决定的，对环境审计需求是组织委托方和受托方的共同需求。在现实社会中，如要解决组织与社会以及生态环境之间的问题，组织除了完成自身的经济目标，同时要承担社会以及生态环境治理责任，因此，组织在接受社会委托责任的同时，要将其责任与组织经济责任一并委托给组织的受托方。基于组织利益相关者理论，笔者依据权利与义务（责任）对等原则构建如图 4.3 所示的"双向四方环境审计关系"的环境审计模式，彰显了环境审计市场上的环境审计超然独立的本质特征。

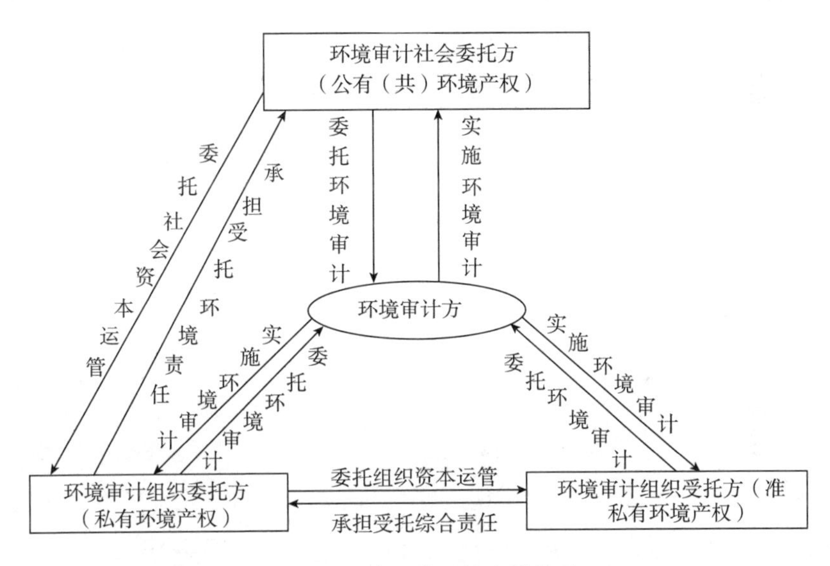

图 4.3　双向四方环境审计关系

4.3.3　"双向四方环境审计关系"的环境审计方利益分析

根据前述对"双向四方环境审计关系"的理论分析，替补原委托代理契

① 人权可分为经济性人权（产权）和社会性人权。巴泽尔（1992）认为产权只不过是人的人权一部分。阿尔钦和艾伦也认为："试图比较人权与产权的做法是错误的，产权是使用经济物品的人权。"

约不完备部分的环境审计契约制度具有边际效益递减的特征，符合 CDFC 条件，在具有经济社会生态环境内容的委托代理环境审计契约上确保环境审计方承担更多的环境审计责任。因此，我们根据萨格登、扬等人运用演化稳定均衡策略（ESS）概念以及内生博弈规则，论证了具有边际收益递减特征的内生性制度（契约），分析“双向四方环境审计关系”的环境审计模式中环境审计委托方、环境审计受托方与环境审计方之间支付环境审计费用的均衡利益博弈结果，认为这种博弈均衡的利益格局决定了环境审计本质特征的形成。

（1）环境审计委托方支付环境审计费用的测算。

环境审计委托方委托环境审计方对环境审计受托方的受托权力履行状况进行环境产权再界定、再保护、再报告，以获得对环境审计受托方的环境产权有效配置的完全经济、社会以及生态环境信息。因此，相对于信息对称情况下，环境审计委托方[①]在信息非对称中为获取环境审计受托方受托权履行状况的信息成本将增加，该增加成本可以作为环境审计委托方所支付的环境审计费用。由于环境审计委托方要求会计师事务所“主动配合”环境审计，才有可能提供“满意服务”—— 咨询服务、会计服务及税务服务等，因此，环境审计费用与其非环境审计费用具有很强的关联性。所以说，处于强势经济地位的环境审计委托方所支付环境审计费用对处于弱势经济地位的环境审计方的生成与发展产生重大影响，其环境审计委托方与环境审计方利益博弈均衡结果的环境审计费用测算如定义 2 所示。

定义 2：环境审计委托方产出函数为线性形式：$\pi = a + \zeta, \zeta \sim N(0,\sigma^2)$；$a \in A$，$\forall a \in [\underline{a},\bar{a}]$。环境审计委托方是风险中性的，其线性激励合同：$s(\pi) = \alpha + \beta\pi$，其中 α 是代理人的固定收入（与 π 无关），β 是环境审计受托方分享的产出份额，也代表环境审计受托方所承担风险。其效用函数为 $v(\pi - s(\pi))$。环境审计受托方是风险规避的，其效用函数具有不变绝对风险规避特征，即 $u = -e^{-\rho\varpi}$，其中 ρ 是绝对风险规避度量，ϖ 是实际货币收入。环境审计受托方有效环境产权配置的成本假定为 $c(a) = ba^2/2$，可等价于货币成本，

---

① 环境审计委托方是指环境审计社会委托方与环境审计组织委托方。当环境审计社会委托方处于虚伪或缺位状况时，环境审计组织委托方代替环境审计社会委托方履行其委托代理职能与企业环境审计受托方以及环境审计方进行利益的博弈。尽管形式上为双向“三方环境审计关系”，但其利益格局仍是四方环境审计利益博弈关系。

$b>0$ 代表成本系数，他的保留收入水平为 $\bar{w}$ 。

考量环境审计受托方环境产权有效配置行为 a 的可观测情况下最优合同。由于环境审计委托方是风险中性的，他的期望效用等于期望收入：

$$E(\pi - s(\pi)) = E(\pi - \alpha - \beta\pi) = -\alpha + E[(1-\beta)\pi] = -\alpha + (1-\beta)a$$

环境审计受托方的实际收入为：

$$w = s(\pi) - c(a) = \alpha + \beta(a + \zeta) - ba^2/2$$

确定性等价（certainty equivalence）收入为：

$$Ew - \rho\beta^2\sigma^2/2 = \alpha + \beta a - \rho\beta^2\sigma^2/2 - ba^2/2$$

其中 Ew 是环境审计受托方的期望收入，$\rho\beta^2\sigma^2/2$ 是环境审计受托方的风险成本。环境审计受托方是风险规避的，所以：$\max\limits_a Eu = \max\limits_a(-Ee^{-\rho\varpi}) = \max\limits_a(Ew - \rho\beta^2\sigma^2/2) \Rightarrow ab = \beta$

环境审计委托方选择（α,β）和 a ，解下列最优化问题：

$$\max_a E\upsilon = -\alpha + (1-\beta)a$$

$$s.t.\ \ \alpha + \beta a - \rho\beta^2\sigma^2/2 - b^2/2 \geqslant \bar{w}$$

最优化的一阶条件，得：

$$a^* = 1/b\ ;\ \beta^* = 0$$

考量环境审计受托方的环境产权有效配置行为 a 的不可观测情况下最优合同。环境审计委托方选择（α,β）解下列最优问题：

$$\max_{a,\beta} -\alpha + (1-\beta)a$$

$$s.t.\ \ (IR)\alpha + \beta a - ba^2/2 - \rho\beta^2\sigma^2/2 \geqslant \bar{w}$$

$$(IC)\ ab = \beta$$

最优化一阶条件：$\beta = 1/(1 + b\rho\sigma^2)$ 。当环境审计委托方不能观测到环境审计受托方的努力水平时，环境审计受托方承担的风险成本（净福利损失）为：

$$\Delta RC = 0.5\beta^2\rho\sigma^2 = \rho\sigma^2/[2\ (1 + b\rho\sigma^2)^2]$$

他的期望产出的净损失为：

$$\Delta E\pi = \Delta a = a^* - a = 1/b - 1/[b(1 + b\rho\sigma^2)] = \rho\sigma^2/(1 + b\rho\sigma^2)$$

他的努力成本的节约为：

$$\Delta C = C(a^*) - C(a) = 1/(2b) - 1/[2b(1 + b\rho\sigma^2)^2] = [2\rho\sigma^2 + b(\rho\sigma^2)]/[2(1 + b\rho\sigma^2)^2]$$

所以，激励成本为：

$\Delta E\pi - \Delta C = b(\rho\sigma^2)^2/[2(1+b\rho\sigma^2)^2]$

总代理成本为：

$AC = \Delta RC + (\Delta E\pi - \Delta C) = \rho\sigma^2/[2(1+b\rho\sigma^2)]$

因此，环境审计委托方支付给环境审计方的最多环境审计费用为总代理成本。即 $\theta_1 = AC = \rho\sigma^2/[2(1+b\rho\sigma^2)]$ 。

（2）环境审计受托方支付环境审计费用的测算。

相对于信息对称情况下，环境审计受托方在信息非对称中为获取环境审计委托方委托权安排信息将增加成本，该增加成本可以作为环境审计受托方所支付的环境审计费用，相当于环境审计方代替环境审计受托方去获取环境审计委托方的委托权配置状况信息所消耗成本。基于双向四方环境审计关系做如图4.3所示的定义。

定义3：环境审计受托方是风险中性的，其收入函数为线性形式：$S(\pi) = \alpha + \beta\pi$, β 是环境审计委托方分享的产出份额，也代表环境审计委托方的委托权，即环境审计受托方的职权；其中 α 是代理人的固定收入（与 π 无关）。C 代表环境审计受托方行为能力的成本，不妨假定为 $C(a) = ba^2/2$ ，它可以等价于货币成本，$b > 0$ 代表成本系数。$a \in A$, A 代表组织任意一个环境审计受托方所有并可选择的环境产权有效配置组合，$\forall a \in [\underline{a}, \bar{a}]$ 。环境审计受托方的效用函数为 $\upsilon(S(\pi) - C(a))$ 。环境审计委托方是风险规避的，其效用函数具有不变绝对风险规避特征，即 $u = -e^{-\rho\varpi}$ ，其中 ρ 是绝对风险规避度量，ϖ 是实际货币收入。环境审计委托方产出函数是 $\pi = a + \zeta, \zeta \sim N(0, \sigma^2)$ ，其线性激励合同为 $S(\pi)$（$S(\pi) = \alpha + \beta\pi$）。

考量环境审计受托方实际能力水平 a 可观测情况下的环境审计委托方的委托权 β 安排。因为环境审计受托方是风险中性的，所以他的期望效用等于期望收入：

$E(\upsilon) = E(S(\pi) - C(a)) = E(\alpha + \beta\pi - 0.5ba^2) = \alpha + E\beta\pi - 0.5ba^2 = \alpha + \beta a - 0.5ba^2$

环境审计委托方的实际收入为：$w = \pi - S(\pi) = \pi - \alpha - \beta\pi$ ，他的保留收入水平为 $\bar{w}$ 。确定性等价（certainty equivalence）收入为：$Ew - \rho\beta^2\sigma^2/2 = -\alpha - (1-\beta)a - \rho\beta^2\sigma^2/2$ 。其中 Ew 是环境审计托人的期望收入，$0.5\rho\beta^2\sigma^2$ 是环境审计委托方的风险成本。环境审计委托方是风险规避的，所以 $\max_{\beta} Eu = \max_{\beta}(-$

$Ee^{-\rho\varpi}) = \max\limits_{\beta}(Ew - \rho\beta^2\sigma^2/2) \Rightarrow a = \rho\beta\sigma^2$。环境审计受托方选择（$a,\beta$）下列最优化问题：

$$\max_{a,\beta} E\upsilon = \alpha + \beta a - 0.5a^2 b$$

$$s.t.\ (i)\ -\alpha - (1-\beta)a - \rho\beta^2\sigma^2/2 \geqslant \bar{w}$$

最优化的一阶条件得：$a^* = \rho\sigma^2/(4 - b\rho\sigma^2)$；$\beta^* = 1/(2 - 0.5b\rho\sigma^2)$。

考量环境审计受托方实际能力水平 a 不可观测情况下环境审计委托方的委托权 β 安排。环境审计受托方选择（α,β）解下列最优问题：

$$\max_{\alpha,\beta} \alpha + \beta a - 0.5a^2 b$$

$$s.t.\ (i)\ -\alpha - (1-\beta)a - \rho\beta^2\sigma^2/2 \geqslant \bar{w}$$

$$(ii)\ a = \rho\beta\sigma^2$$

最优化一阶条件：$\beta = 1/(3 - b\rho\sigma^2)$；$a = \rho\sigma^2/(3 - b\rho\sigma^2)$。当环境审计受托方不能得到环境审计委托方的最优委托权 β 安排时，环境审计委托方承担的风险成本（净福利损失）为：$\Delta RC' = 0.5\beta^2\rho\sigma^2 = \rho\sigma^2/[2(3 - b\rho\sigma^2)^2]$；环境审计受托方的期望产出的净损失为：$\Delta E[s(\pi) - c(a)] = \Delta E[S(\pi)] - \Delta E[C(a)] = \beta^* a^* - \beta a - C(a^*) + C(a)$；环境审计委托方激励成本的节约为：$\Delta S(\pi) \approx \beta^* a^* - \beta a$；所以，因环境审计委托方不能观测环境审计受托方的实际能力而导致委托权安排不合理，致使环境审计受托方承担的成本为：$\Delta S(\pi) - \Delta E[S(\pi) - C(a)] = b\rho^2\sigma^4(7 - 2b\rho\sigma^2)/2(3 - b\rho\sigma^2)^2(4 - b\rho\sigma^2)^2$。总代理成本为：$AC' = \Delta RC' + \{\Delta S(\pi) - \Delta E[S(\pi) - C(a)]\} = \rho\sigma^2(16 - b\beta\sigma^2 - b^2\beta^2\sigma^4)/[2(3 - b\rho\sigma^2)^2(4 - b\rho\sigma^2)^2]$。

不妨让环境审计受托方支付对环境审计委托方的委托权进行环境审计的最大环境审计费用为 θ_2，即 $\theta_2 = AC' = [\rho\sigma^2(16 - b\beta\sigma^2 - b^2\beta^2\sigma^4)]/[2(3 - b\rho\sigma^2)^2(4 - b\rho\sigma^2)^2]$。

（3）环境审计委托与受托双方博弈分析。

由于 $\partial z/\partial\theta_1 > 0$，$\partial z/\partial\theta_2 > 0$，决定环境审计受托方与环境审计委托方在支付环境审计费用立场是相互冲突的，至于双方支付多少才能确保环境审计方完全释放出环境审计本质的能量（功能），将是环境审计社会委托方、环境审计组织委托方、环境审计组织受托方与环境审计方之间利益不完全信息博弈均衡结果。

基于前文结论：增加环境审计方是为补缺原委托代理契约不完备部分，以

降低信息非对称程度。委托代理契约不完备表现：委托权契约的不完备、受托权契约不完备以及它们均不完备。当委托权契约的不完备时，环境审计受托方委托环境审计方对环境审计委托方的委托权安排进行环境产权再界定、再保护、再报告等。由于 $\partial z/\partial \theta_2 > 0$ ，所以当 $\theta_2 = AC' = [\rho\sigma^2(16 - b\beta\sigma^2 - b^2\beta^2\sigma^4)]/[2(3 - b\rho\sigma^2)^2(4 - b\rho\sigma^2)^2]$ 时，从理论上讲，环境审计受托方获得完全委托权安排的环境审计信息，为争取自己权利而获得相应证据；当受托权契约不完备时，环境审计委托方委托环境审计方对环境审计受托方受托权履行状况进行环境产权再界定、再保护、再报告等。由于 $\partial z/\partial \theta_1 > 0$ ，所以当 $\theta_1 = AC = \rho\sigma^2/[2(1 + b\rho\sigma^2)]$ 时，从理论上讲，环境审计委托方获得完全环境审计受托方受托权履行状况的环境审计信息，为了更好地完善激励合同，诱导环境审计受托方按照环境审计委托方意旨进行环境产权有效配置；当委托权契约和受托权契约均不完备时，环境审计是他们双方共同需求的商品。因此，下面根据鲍弗瑞和罗森赛尔（1989）模型，对此环境审计委托方和环境审计受托方进行不完全信息博弈进行如定义 4 的分析。

定义 4：环境审计方能够通过环境产权再界定、再保护、再报告等提供公正、客观的环境审计信息是公共知识，但环境审计委托方与环境审计受托方提供各自环境审计费用只有自己知道，即 $\theta_i, i = 1,2$ 。θ_1 和 θ_2 具有相同的、独立的定义在 $[\underline{\theta},\bar{\theta}]$ 上的分布函数 $P(.)$ ，其中 $\underline{\theta} < 1 < \bar{\theta}$ ，因此 $P(\underline{\theta}) = 0, P(\bar{\theta}) = 1$), $P(.)$ 是共同知识。

当环境审计委托方和环境审计受托方同时决定是否聘请环境审计方时，每个参与人面临的是 0—1 决策问题，即提供 $a_i = 1$ 或不提供 $a_i = 0$ 。如果至少有一个人聘请环境审计，他将得到 1 单位的额外环境审计信息；如果没有人聘请环境审计，每人得到 0 单位的环境审计信息。表 4.2 给出这个博弈的支付矩阵。

表 4.2　　环境审计受托方与环境审计委托方博弈

		环境审计受托方	
		聘请	不聘请
环境审计委托方	聘请	$1 - \theta_1, 1 - \theta_2$	$1 - \theta_1, 1$
	不聘请	$1, 1 - \theta_2$	0,0

这个博弈中的一个纯战略$a_i(\theta_i)$是从$[\underline{\theta},\bar{\theta}]$到$\{0,1\}$的一个函数，其中0表示不聘请。1表示聘请。参与人$i$的支付函数为：$u_i(a_i,a_j,\theta_i) = \max(a_1,a_2) - a_ic_i$。贝叶斯均衡是一组战略组合$(a_1^*(.),a_2^*(.))$，使得对于每一个$i$和每一个可能的$\theta_i$，战略$a_i^*(.)$最大化参与人$i$的期望效用函数$E\theta_ju_i(a_i,a_j^*(\theta_j),\theta_i)$。令$Z_j \equiv Prob(s_j^*(\theta_j) = 1)$为均衡态度下参与人$j$提供环境审计费用的概念，最大化环境产权有效配置意味着，只有当参与人i预期（估计）参与人j不提供环境审计费用时，参与人i才会考虑自己是否提供环境审计费用。因为参与人j不提供的概率是（$1 - Z_j$），参与人i提供的预期收益是$1 \cdot (1 - Z_j)$，因此只有当$\theta_i < 1 - Z_j$时，参与人i才会提供环境审计费用，即如果$\theta_i > 1 - Z_j, a_i^*(\theta_i) = 0$；$\theta_i < 1 - Z_j, a_i^*(\theta_i) = 1$。这一点表明，存在一个分割点$\theta_i$使得只有当$\theta_i \in [\underline{\theta},\theta_i^*]$时，参与人$i$才会提供（如果$\theta_i^* < \underline{\theta},[\underline{\theta},\theta_j^*]$是空集）。类似地，存在一个$\theta_j$使得只有当$\theta_j \in [\underline{\theta},\theta_j^*]$时，参与人$j$才会提供。因为$Z_j = Prob(\underline{\theta} \leqslant \theta_j \leqslant \theta_j^*) = P(\theta_j^*)$，均衡分割点$\theta_i^*$必须满足$\theta_i^* = 1 - P(\theta_j^*)$。因此，$\theta_i^*$和$\theta_j^*$都必须满足方程$\theta^* = 1 - P(1 - P(\theta^*))$。因此，作为参与人的环境审计委托方和环境审计受托方，由于环境审计方利用环境审计委托方和环境审计受托方绝大部分共同环境审计资料——会计报告对环境审计委托方的委托权和环境审计受托方的受托权进行环境审计，相对节约了部分环境审计费用，所以双方支付环境审计费用均小于θ_2、θ_1。当然也可能存在方程解为$\theta_i^* = \theta_j^* = \theta^*$，那么，下列条件一定成立：$\theta_i^* = \theta^* = 1 - P(\theta^*)$。

4.4 本章小结

通过对文献的回顾与梳理，笔者发现：国外环境审计的研究已经十分全面、具体，研究主题不局限于环境基础理论的研究，而且具体探讨环境审计成本与效益、环境审计政策选择、环境审计立法与准则制定、环境审计程序和方法及具体应用等。研究方法多样化，基本上做到了规范研究与实证研究结合。国外环境审计研究更加侧重组织微观环境审计的开展和重要作用，更加强调环境审计的应用性。相比之下，国内环境审计的研究还处于探索阶段，在研究理论、方法、研究深度和广度上都存在不足，这要求理论界和实务界共同努力，加强组织环境审计模式研究，注重理论与实证研究结合，将环境审计研究推向

更高层次。

①目前环境审计的理论研究以及准则制定，仍然是基于传统审计理论的定位。这种定位符合一个单一的经济系统中的审计问题研究，然而一个集环境、经济、社会等诸多问题于一体的复杂体系，其中牵涉了深刻的产权关系，仅仅“单向三方审计关系”的模式很难驾驭这种复杂产权关系，无法调和经济组织利益相关各方追求短期经济行为与生态环境可持续发展之间的矛盾，致使环境治理陷入恶性循环的困境。科斯关于用产权界定来解决环境外部性问题的思想，获得了广泛的认同，这必将给本章再造的环境审计模式的构建带来新的理论契机。

②对环境审计模式的环境产权、本质、概念、主体、目标、假设、内涵以及内容等方面的文献进行梳理，其涉及环境学、环境经济学、环境管理学、循环经济学、产权经济学、组织经济学等相关理论，形成了大量研究成果，为本章研究奠定了基础。一是环境产权行为理论作为一个单独的研究领域，从环境审计市场供给与需求的双方关系来探索环境产权有效交易与配置研究，但这些研究都比较零碎，没有系统化。二是未能解决符合知识经济时代的环境审计本质问题，因此承袭传统审计本质来构建“单向三方环境审计关系”的环境审计模式，很难解决环境审计所面对的复杂现实问题。这为从超契约视角再造具有“双向四方环境审计关系”的新环境审计模式提供了现实契机；三是目前环境审计模式仍然承袭古典经济学的被完全低层次需求所俘获的假设，基于现实环境审计服务市场的需要，在作为超契约理论假设前提的超需求层次假设下再造体现“双向四方环境审计关系”的新环境审计模式，是环境审计历史发展的必然选择。

为了实现上述研究中的突破，要将“自然状态”的社会环境方引入审计契约中，将环境产权行为纳入环境审计的主要对象之中，最终在超契约范畴内获得“责、权、利”的均衡。在环境问题逐渐成为世界政治性问题的背景之下，利用科斯教授为代表的环境产权治理思想对环境产权行为边界界定与否，这将关乎对环境审计本质的深刻认知以及借此突破现有环境审计模式、再造体现“双向四方环境审计关系”的新环境审计模式的关键之举。

随着知识经济到来，人们的观念逐渐从“物力资本”中心观向“人力资本”中心观转变，促使由“以环境产权为本”的“单向三方环境审计关系”

的单向环境审计模式向“以人权为本”的“双向四方环境审计关系”的双向环境审计模式转变。在公平交易市场规则下获得维护环境审计本质的物质基础，同时结合自律性的环境审计职业标准和环境审计职业道德以及他律性的环境审计职业法律和社会道德确保环境审计、在精神上具有超然独立的环境审计本质特征。因此，要实现对环境审计本质的超然独立特征维护，一方面，要对环境审计社会委托方与环境审计组织委托方之间的委托代理环境契约不完备部分通过环境审计制度建设进行补救，要弄清环境产权交易与配置的边界，因为无论是环境契约，还是社会契约，它们所描述的产权均具有公共产权属性、准公共产权属性；另一方面，在环境审计服务市场中，“单向三方环境审计关系”的传统环境审计模式侧重于线型环境审计服务定价策略，因而忽视了因环境审计委托方，尤其是环境审计社会委托方的产权缺位或虚位，进而造成了环境审计方与环境审计受托方之间的“合谋现象”，也就是用环境审计委托方的利益换取“无保留环境审计意见”的合谋形式来满足各自利益，因此，我们有必要从“双向四方环境审计关系”来探索弥补超契约非完备性的环境审计本质的环境审计模式再造研究。

第5章 基于环境产权行为的环境审计模式再造研究

近年来全球环境持续恶化，尽管联合国环境发展大会通过《联合国气候变化框架公约》（1992），并在该公约基础上缔约方大会通过《京都议定书》（1997），建立了ET、JI和CDM，相继纳入了《波恩政治协议》（2001）、《马拉喀什协定》（2001），为CDM的进一步有效实施制定了“巴厘岛路线图”（2007）。但因参与各国利益分歧太大，2009年哥本哈根和2012年多哈召开的《联合国气候变化框架公约》第15次和第18次缔约方会议均没有达成有法律约束的协议。显然多元性产权行为主体的多样性利益差异所造成的环境问题很难在“单向三方审计关系”的传统环境审计模式内获得解决。同时，鉴于我国粗放型经济增长方式引发的环境问题日渐凸显，党的十八大要求“加强环境监管，健全生态环境保护责任追究责任制度和环境损害赔偿制度”，结合第3章环境审计本质理论解析，弥补超契约非完备的研究结论，揭开了对“双向四方审计关系”的环境审计模式再认识的序幕。

5.1 超契约与环境产权的相容性分析

产权是指因人对物的关系而形成人与人之间的关系。正如当代学者如菲鲁博腾认为：“产权不仅是人与物之间的关系，而且是指由于物的存在和使用而引起人们之间一些被广泛认可的行为性关系”。这些被广泛认可的行为性关系不仅具体规定了人们与物相关的行为规范，还规定了人与人在交往中所必须遵守的行为规范，这些规范包括那些承担不遵守这些规范所付出代价的规定等。产权定义讲述了两层关系：一是人与物之间的关系；二是人与人之间的关系。

这里的人与人之间的关系视为产权的本质所在；人与物之间的关系视为一种经济性质的权利，即视为人们在使用资产过程中发生的经济、社会性质的关系。而契约也有两方面的关系，一是将不同缔约者的不同资源“捆绑”在一起的关系；二是界定资源背后不同缔约者的“责、权、利”的关系。从上述两层关系比较来看，产权与契约在本质上具有一致性。它们的共同变量在于产权行为，因为“产权本质上是一种排他性权利”。它既强调了产权是人与人之间的关系，即产权主体的排斥他性关系；又强调了产权的功能化行为，即产权主体的排他性行为。这种排他性行为必然造成哈罗德·德姆塞茨所认为的“使自己或他人受益或受损的权利”。而契约则是通过对不同契约者行为约束来维护不同契约者的“责、权、利”状态或关系。因此，契约与产权交融的基础在于产权行为。

超契约是指企业的经济性契约网络、社会性契约网络以及环境性契约网络不断的相互耦合结网，从而形成超大契约网络，简称为超契约。经济性契约网络、社会性契约网络以及环境性契约网络耦合的基础在于资源产权功能属性的多样性，它将不同性质的契约链接在一起。本书所讲的超契约主要是针对环境契约，即第3章所论述的环境审计本质是弥补超契约的非完备部分契约，即弥补原属于非完备性环境委托方契约那部分，并弥补由于非完备经济契约或非完备社会性契约造成完备性环境性契约因环境资源产权主体的虚位或缺位而导致成为实质上非完备性环境性契约的那部分。弥补非完备部分契约的基础在于环境资源产权功能多样性。例如，安徽黄山的资源风光原本是隶属于自然循环系统、生态系统或环境契约，人们利用该资源的观赏性来开发旅游，这将在自然资源独特的“容貌”功能基础上衍生出可观赏性功能，将经济性契约链接在一起。同时，人们在黄山风景区开展各种形式的民间交往，将社会性契约也链接在一起，这样安徽黄山的资源多功能属性所开发的环境资源产权多功能性将经济性契约网络、社会性契约网络以及环境性契约网络链接成超契约，而超契约链接行为的本身就是环境资源产权行为。因此，超契约与环境产权相互交融的接口或桥梁在于环境产权行为，从某种意义来讲，本章所讲的超契约是复杂环境产权行为的表征，因此从超契约和环境产权两个维度来替代环境产权行为的描述，将更深刻地揭示环境产权行为的内涵和意义所在。

5.2 传统环境审计模式的再认识

本章借助第3章对环境本质认知，在我国著名审计学家徐政旦等（2011）提出的“单向三方审计关系”的审计理论结构模式——审计本质、审计目标、审计假设、审计概念、审计准则、审计程序方法以及审计报告的基础上，基于超契约的视角对传统环境审计模式再认识。将审计本质所推演出的审计概念以及审计主体完成审计目标的逻辑重新再造，形成本书所构建的具有“双向四方环境审计关系”的新环境审计模式：环境审计本质、环境审计概念、环境审计主体、环境审计目标、环境审计假设、环境审计原则、环境审计程序方法以及环境审计报告，将环境审计标准、环境审计程序方法与环境审计报告纳入环境审计规范理论分析与环境审计应用理论分析之中，使新环境审计模式更接地气。

5.2.1 环境审计本质

对企业本质的不同认知与理论假定，深刻影响着环境审计的理论与实践，这也决定了环境审计本质的选择与演进。在古典、新古典的经济学视野下，企业本质被理解为通过委托代理形式最大限度地实现股东利润的经济性契约。因此，基于委托代理理论对环境审计本质的认知，直至目前仍将私有制产生与“两权分离”作为环境审计产生的前提，环境审计本质的演进仍沿袭现代审计本质脉络：“查账论”“评价、签证论”“监督论”“经济控制论”。尽管“深口袋”（deep pockets）倾向、美国的“1136租户案”（1136 Tenants case）等事件促使国内外许多审计学者试图冲破传统“单向三方审计关系”的理论束缚，力求从公司外部对公司审计委托人制度进行渐进式革新，但环境审计本质仍局限于“零嵌入性”的“经济控制论”这一现代审计本质的认知与前提。尽管将有效环境资源交易与配置纳入企业经济活动范畴内，致使委托方产权性能外延至环境治理功能、免疫功能等，体现了“环境治理论”的环境审计本质，但与“经济控制论”并无本质差异。因此，在不同的历史阶段和社会政治经济条件下，人们不断重塑着将企业环境资源产权行为视为企业委托方经济资源产权行为延伸或衍生的“单向三方审计关系”。全面社会责任管理（Total Responsibility Management，TRM），作为一种新的经济学和管理学理论，对企业本质做出了完全不同的解读，它认为企业是不同社会主体实现其多元价值追求的社会平台，应借助该平台实现企业从财务价值延伸到经济、环境和社会的综合价值，支配企业资源的决策权力配置也应由一元主导模式转向多元共享模式转变。因此，基于信息非对称理论对环境审计本质的认知以及企业各缔约方所缔结“超契约”的非完备性，是环境审计产生的前提。基于该认知与前提推演出的环境审计本质不仅是补全“超契约”的非完备部分的产物，也是环境审计方通过供给来满足缔约各方需求的商品。因此，环境审计本质是指弥补超契约中非完备性的契约本质。由此可推论出，解释环境审计产生的基本理论应该由外部性理论与环境质量公共物品经济分析理论、可持续发展理论、大循环成本理论、经济的外部性理论和资源价值理论的理论集成，而不是单纯的某一种理论。因此，一个集自然、经济、社会等系统的诸多问题于一体的复杂系统，又牵涉了深刻的产权关系，仅仅“单向三方审计关系”的模式就很难驾驭，这必将为环境审计方与经济、社会以及生态环境契约各个缔约方所构建“双向四方环境审计关系”的新环境审计模式带来契机。

为了更好认知新的环境审计模式，根据超契约的定义，我们勾画出超契约图，如图 5.1 所示。

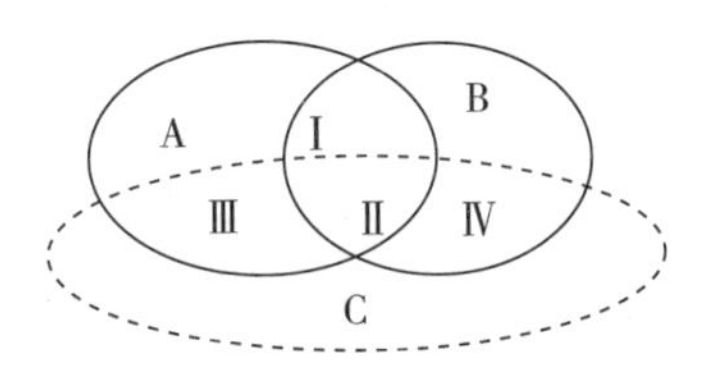

图 5.1　超契约图

图 5.1 中 A 表示纯经济性契约域，B 表示纯社会性契约域，C 表示纯环境性契约域，Ⅰ表示经济社会性契约域，Ⅱ表示经济社会环境性契约域，Ⅲ表示经济环境性契约域，Ⅳ表示社会环境性契约域。

根据图 5.1 所示，A 为企业纯经济性契约域，随着企业生产率水平提高，企业经济活动范围不仅拓展到环境资源及其产权交易与配置活动的Ⅲ契约域和社会资源及其产权交易与配置活动的Ⅰ契约域，而且拓展到具有环境资源和社会资源的双重性资源产权交易与配置活动的Ⅱ契约域。

5.2.2 环境审计概念

截至目前，文献中关于环境审计的定义可谓五花八门，多数学者或国际组织均倾向于将环境审计看成是一种有用的环境管理工具。Tomlinson 等（1987）对七种类型环境审计的定义进行了探讨，总结出环境审计是环境管理系统整体的一个组成部分，也是一种自我评估程序，通过环境审计管理层可以确定组织的环境控制系统是否能够对遵循监管要求和内部政策提供充分保证。Hillary（1998）视环境审计为促进企业环境业绩管理更好的环境管理工具。Lightbody（2000）对此做进一步研究，提出了广泛意义上的环境评价与复核也属于环境审计范畴。Todea 等（2011）则从对企业环境影响的视角强调环境审计的系统分析功能。从上述定义来看，环境审计的范围呈拓展趋势。最高审计机关国际组织（INTOSAI）第 15 届大会（1995 年）在《开罗宣言》中制定了一个框架认为：①环境审计与政府审计存在根本性区别；②环境审计主要包括财务审计、合规性审计和绩效审计；③可持续发展概念不应在环境审计定义中起独立作用。而国际商会（ICC）对环境审计概念的陈述则为：环境审计是一种管理工具，通过简化环境活动的管理与评定以及公司政策与环境要求的一致性对于环境组织、环境管理和仪器设备是否发挥作用进行系统的、文化的、定期的和客观的评价。国内绝大多环境审计学者是在借鉴国外相关定义（ 如 IIA、ICC、EPA、INTOSAI 对环境审计的界定）的基础上提出环境审计的概念，也有一些学者从审计的监督职能入手来定义环境审计。综上所述，国内外学者或机构团体提出的环境审计定义，均是将环境资源的产权配置与交易活动（Ⅱ + Ⅲ）作为企业经济活动范围的延伸部分，仍然承袭“单向三方审计关系”的传统模式。基于弥补超契约非完备部分的“双向现代环境审计关系”的环境审计本质，笔者认为环境审计定义为：环境审计主体自愿接受缔结超契约各方授权对各自缔约对方的环境产权再界定、再监督、再评价、再保护，最终促进环境与经济、社会的可持续和谐发展。环境审计不仅包括对超契约受托方的受托权进行财务、财政环境审计，合法、合规环境审计及生态绩效环境审计，而且包括对超契约委托方的委托权进行问责制环境审计。

5.2.3 环境审计主体

目前审计分为内部审计、民间审计和国家审计，无论是哪一种审计，都是把组织定义为经济性契约，其审计主体也相应分为内部审计主体、民间审计主体和国家审计主体，这些主体分别为内部审计机构及其执行内部审计职能的人、会计师事务所（它本身就是法人）、国家审计机构及其执行国家审计职能的人。但现实生活中的组织不仅与外界发生经济关系，还有社会关系和环境关系。因此，应把组织定义为超契约。针对具体组织来说，造成环境问题不仅是组织自身，还有代表环境资源的公共产权的政府。对造成环境问题的环境产权再界定、再报告等的环境审计主体构成，不仅有原定义为经济性契约组织的内部审计人员及机构参加、组织外部的会计师事务所加盟，还有政府审计人员及部门参与，代表社会性契约、环境性契约的社会专家学者、环境专家学者等参与。针对环境问题产生的根源，依据图 5.1 所示的超契约图来分析具体环境审计主体的构成，依据资源依赖理论来构念环境审计主体的具体要素。为了保证环境审计主体的独立性，本章倡导建立环境审计主体数据库，在发生环境审计业务之际，依据图 5.1 所示的超契约图来诊断环境问题，在不同契约域随机抽取各自专家学者与环境技术人员组成临时性环境审计主体。如果存在永久性环境审计主体，势必与外界各种组织或个体之间产生关系，这将影响或限制环境审计主体的独立性。

5.2.4 环境审计假设

环境审计假设是根据已获得的环境审计经验和已检测的环境事实，并以环境科学理论为指导，对环境审计事务所产生的原因及其运行规律做出推测性的解释。直至目前，环境审计事务所产生的原因及其运行规律仍根植于传统“单向三方审计关系”，无论是王学龙（1997）的八大环境审计假设，张以宽（1997）的六大环境审计假设，还是杨智慧（2003）的四项环境审计假设。尽管将与组织利益相关的环境资源产权配置与交易活动纳入经济性或社会性契约之中拓展传统审计假设体系的范围，但仍承袭经济控制论或经济监督论的“单向三方审计关系”的审计本质。当然莫茨和夏拉夫的八条审计假设、汤姆·李的三类十三条审计假设、尚德尔的五条审计假设以及费林特的七条审计假设，虽然它们均局限于弥补受托责任方的经济性契约非完备部分，但汤姆·李的“会计信息缺乏足够的可信性”假设与费林特的“受托经济责任关系或公共责任关系是审计存在的首要前提”假设已然涉及审计产生的真正根源：

“信息非对称”“契约不完备”。因此，借此“真正根源”所形成弥补超契约非完备部分的环境审计契约本质及其所育出环境审计目标指导下，科学猜想或设想“双向现代环境审计关系”环境假设如下。

（1）环境信息非对称假设。

根据超契约图，企业环境的委托与受托双方直接缔结非完备性Ⅲ契约与间接承担因自然灾害方式所缔结部分非完备性C契约、环境审计三方直接缔结非完备性Ⅱ契约与间接承担环境社会方以“转嫁”方式缔结非完备性Ⅳ契约及部分非完备性C契约。这些契约非完备性如果是由事前信息不对称所造成的，那么需要环境审计方让被审计方提供各自真实信息（让人说真话）；如果是由事后信息不对称所造成的，那么需要环境审计方让被审计方履行各自责任（让人不偷懒）。这一假设主要解决环境审计应该做什么的问题。

（2）环境信息可验证假设。

环境信息可验证假设是指，反映私有环境资源产权行为的财务收支与公共环境资源产权行为的财政收支及有关环境管理活动的定量或定性信息是可以验证的。随着人们改造环境、征服环境能力不断提高，一系列公认环境管理原则及环境技术计量与检测技术不断地被人们发现与应用，人们普遍接受环境信息可验证假设。根据环境信息可验证假设可推导出四个重要的环境审计概念，即环境审计证据、环境审计标准、环境审计风险和合理环境保证。这一假设主要解决环境审计怎样做的问题。

（3）环境信息重要性假设。

环境信息重要性假设是指，因超契约性质决定环境信息、经济信息与社会信息，其内涵、微妙、关联复杂、侧重要点不同，提炼信息标准差异，如果没有经环境审计的信息，无法做出合理决策，而验证环境信息的真实、可靠、公允是环境审计过程的主题。超契约造成被审计单位不可避免地享有经济、社会、环境所赋予权利的同时也负有经济、社会、环境的责任，而环境是经济与社会发展的基础又决定必须有这样的环境审计假设。

（4）超契约非完备性假设。

环境市场信息非对称是造成超契约内不同契约域所含环境契约非完备性的重要因素之一。根据资源依赖理论，由于技术方面原因，对环境资源价值很难确认计量，造成环境资源所决定权利难以量化配置，最终酿成环境性契约不完备。这一假设主要解决如何借鉴环境技术计量与监测结果作为资源环境审计的技术依据，这也是对因环境审计业务的超前发展与环境审计理论规范滞后，造成环境会计准则出台、会计计量方法无法满足审计需求被动局面的一种补救措施。

（5）环境审计市场主体权利与义务（责任）对等性假设。

环境审计市场上的公平交易规则是对环境审计市场主体权利与义务（责任）的对等性和一致性认可，也是履行契约的基本条件，体现知识经济时代以人权为本的思想，也就是说本书所构建的“双向四方环境审计关系”的新环境审计模式是知识经济时代的产物之一。这一假设主要解决为什么需要环境审计。

（6）环境审计市场资源配置有效性假设。

计划与市场是资源产权配置的两种基本方式。引入环境审计方对计划与市场两种环境资源产权配置方式进行环境审计，最大限度地促使超契约所束缚的环境资源在组织内部能够有效配置，在组织外部能够有效性交易，减少甚至排除错误与舞弊事项发生。根据这条假设，可以推演出组织内部环境控制与外部环境养护的测试、实质性环境审计程序、组织内外环境资源市场风险控制及抽样风险、统计抽样、判断抽样等重要环境审计概念。

（7）环境审计市场主体理性假设。

为确保环境审计市场主体的权利与义务（责任）对等性实现，环境审计市场主体必须具备理性的素质，否则难以维护与实现环境审计市场主体的权利与义务（责任）对等性。这里所讲的“理性”是指环境审计主体具有社会所公认的正常思维逻辑，这也是实现环境审计超然独立的根本条件之一。这一假设主要解决环境审计能够做什么的问题。

（8）环境审计主体独立性假设。

这一假设认为，正因为超契约缔结了环境与经济、社会耦合的复杂性，客观上需要一个与超契约没有任何利益冲突的独立“第三方”来厘清环境审计各方的权利与义务，通过对各自资源产权再界定、再监督、再保护来履行审计职责。根据这一审计假设，推导出环境审计具有自身“超然独立”的本质特征。

（9）环境证据力差别假设。

环境证据力差别假设是指，不同的环境审计证据其可靠性是不同的，需要

受其来源、及时性与客观性的影响。环境证据力差别假设：越接近环境资源产权配置与交易事项本身，其获得环境证据可靠性越高；越及时的环境证据越可靠；客观性程度越高的环境证据越可靠。当然，在不同来源或不同性质的审计证据相互印证时，审计证据具有较高可靠性。这一假设为环境审计工作的顺利进行提供了必要的基础。

（10）认同一贯性假设。

从环境发展视角来看，环境性契约是环境与经济、社会的关系聚结，要在根植生态环境自身可持续发展的规律上，借助经济与社会的发展规律来促进人与自然和谐。认同一贯假设是指，如果没有确凿的反证，即认为被审计单位的环境资源产权配置与交易的环境事项遵从环境经济与环境社会及其自身的可持续发展规律。这一假设旨在解决组织资源配置与交易的连续性与环境审计行为阶段性之间的矛盾，并为环境审计主体执行所有环境检验工作提供了指南及必要的保护，使环境审计责任有了一个合理的界限。

综合上述“双向现代环境审计关系”的十条环境假设，可以得出环境假设体系是对产生环境审计前提、环境审计主体依存环境以及环境审计主体与客体关系进行科学猜想与假定。

5.2.5 环境审计目标

随着社会、经济以及环境的发展变化，缔结超契约的环境资源产权主体地位也在不断发生变化，因此我们借鉴企业的“超契约图”来阐述约束审计主体的环境审计目标的演化。根据持“零嵌入性”立场的经济性契约企业本质，由环境审计方受缔结Ⅲ契约和Ⅱ契约的环境审计委托方委托对环境受托方的受托权审计，这样形成的“单向三方环境审计关系”的受托环境责任经济性契约目标，决定了目前主流环境审计目标仍是现代审计目标的外延。无论是“一元目标论”还是并无本质区别的所谓“二元目标论”“三元目标论”，它们都是围绕对受托环境经济责任的公允性、环境性、合法性和效益性的产权评价、鉴定、监管与保护。然而上海审计学会环境审计课题组（2002）对环境审计一般目标[①]的界定似乎超越经济性契约，将“自然状态”环境性契约（C+Ⅲ+Ⅱ+Ⅳ）融入社会性契约（B+Ⅱ+Ⅳ+Ⅰ）之中。尽管他们都意识到环境保护对可持续性经济发展的作用，但仍然承袭受托环境责任的视角来设计环境审计目标。

环境是人类生存与发展的基础，保护环境是全人类的责任与义务，单向环境审计关系很难全面把握反映社会、经济发展和环境状态及发展内在要求的环境审计目标。因此，根据“双向现代四方审计关系”的研究范式来分析环境审计目标的“双向现代四方环境审计关系”的契约形成，对于企业由所有权与经营权分离所形成由委托方与受托方缔结的委托代理经济性契约已成为主流经济学的共识。然而“企业目的必然存在于企业自身之外，存在于社会之中”。从社会价值透视企业的本质，企业是社会网络一部分，因此企业享受社会赋予权利的同时，社会委托方通过各种授权方式也将社会责任“转嫁”给经济性契约的企业委托与受托双方。一般情况下，经济性契约的企业委托方将社会责任部分或全部转嫁到经济性契约的企业受托方去落实，这样就自动形成了自然的三方：单元社会属性的社会委托方、双重经济、社会属性的企业委托方与企业受托方。从全球视野来看，生态环境是人类社会生存与发展的天然依托，这必将注定人与自然以默认方式缔结环境性契约，并自动地“卷入”到经济性契约与社会性契约之中，基于上述讨论的“三方”也自然成为环境契约的三方主体。当然对于社会组织来说，环境契约的主体自然只有依托社会组织的委托与受托双方。因此在审计市场中，根据公平交易市场规则确立环境审计方接受环境委托方对环境受托方的受托权审计，同时也接受环境受托方对环境委托方的委托权审计。在自律性的审计职业标准和审计职业道德以及他律性的审计职业法律和社会道德约束下，确保审计方在精神上的“超然独立”，形成经济性组织的“双向现代四方环境审计关系”或社会性组织的“双向现代三方环境审计关系”。由此关系所形成的环境审计目标将是在环境审计四方共同缔结超契约（A+B+C+Ⅰ+Ⅱ+Ⅲ+Ⅳ）或环境三方共同缔结超契约（B+C+Ⅳ）约束下，开展环境审计所期望达到或应该达到的目标，它是对三

---

① 环境审计一般目标为促进国家完善环境立法，提高各级环保部门的执法水平；促进完善环境保护管理监督体系和落实环保措施；促进环保资金的合理、有效使用；提高全社会环保意识，实现国民经济可持续发展。

重资源属性或双重资源属性的组织各种资源产权交易与配置的合规性、效益性、公允性、可持续性的评价、鉴定、监督和保护。

5.2.6 环境审计准则

国外学者对建立环境审计准则更多持赞同观点。一些与环境审计直接相关且较权威的准则有：①国际标准化组织（ISO）制定 ISO14010 环境审核指南（通用原则）、ISO14011 环境审核指南（审核程序）以及 ISO14012 环境审核指南（审核员资格要求）。②最高审计机关国际（INTOSAI）（1995）发表了对政府审计组织进行环境审计具有指导作用的《在国际环境协议审计方面进行合作的指南》和《从环境视角进行审计活动指南（草案）》。③国际注册环境审计师委员会（BEAC）（1999）发布了《注册环境审计师实务准则》。国内学者对建立环境审计准则及指南持两种相反观点。一部分学者认为，环境审计与现在开展的各项财务审计和绩效审计所依据的准则没有实质性区别，应在现有的准则法规中增加环境审计方面的内容，无需另起炉灶；另一部分学者则认为，环境审计具有常规审计所不具有的特殊性，不仅内容涵盖广、针对范围大，而且使用对象多、审计主体复杂，应该有自己的准则。对于制定环境审计准则的研究，有的是从环境审计主体资格及其行为角度来规范环境审计准则，也有的选择以政府环境审计准则为突破口来研究环境审计准则。目前我国颁布了《中国注册会计师审计准则第 1631 号——财务报表审计中对环境事项的考虑》，并对可能涉及被审计单位的环境风险、环境负债和资产等事项专门做出规范，要求注册会计师考虑可能引起财务报表重大错报、漏报的环境事项。纵观国内外对制定环境审计准则的研究，仍然沿袭传统“单向三方审计关系”的审计准则，似乎以自律性的审计职业标准和审计职业道德以及他律性的审计职业法律和社会道德保证审计方在精神状态上保持“超然独立”，然而现实中审计方与被审计单位之间的利益却是息息相关的，这样的单边性环境审计准则有悖环境审计市场的公平交易规则。因此，我们应该根据超契约规定“责、权、利”，并结合环境审计市场的公平交易规则来制定环境审计准则。环境审计准则是关于环境审计主体资格、行为以及与环境审计委托方、环境审计受托方之间均衡的“责、权、利”关系的专业化规范，应该包括有关环境审计主体、客体、技术、行为的要素以及有关环境审计的结果。当然根据环境性契约与经济性契约、社会性契约的耦合层次不同，将环境审计准则划分为三个层次：环境审计基本准则、环境审计具体准则、环境审计执业指南，环境性契约与经济性契约、社会性契约的直接或间接耦合所形成不同的契约域以及在每个域内不同的业务类型，分别制定不同契约域的环境财务、财政审计准则，环境合规、合法性审计准则和环境经济、环境社会绩效审计准则等。

5.2.7 环境审计程序和方法

国外关于环境审计程序，即环境审计计划的步骤及其内容做了具体探索，进行了相关比较研究。国内有关环境审计程序的研究也各有千秋。福建省审计学会课题组（1997）提出环境审计程序 4 个步骤：审计证据收集、审计证据评价、审计证据整理和出具审计报告；而杨俊（1994）提出环境审计程序的 6 个步骤：明确目标、量化环境价值、数据收集、组织的有效性评价、效果评估和效益分析、相关措施和改进建议。基于审计程序所采取的环境审计方法则持两种相反观点，一种观点认为环境审计不需要一套全新的审计技术和方法；相反观点则认为应建立另一套环境审计方法，如魏顺泽（2000）主要从独立审计和联合审计角度考虑审计方法、上海市审计学会课题组（2002）主要采用相互联系的审计方法组合方式；还有学者引进其他学科方法建立新环境审计方法，如辛金国、杜巨玲（2000）将成本效益分析法引入审计方法中、贺桂珍等（2007）将价值管理理念应用于环境审计分析中以及李兆东等（2010）采用借鉴物质流分析方法分析生产型企业对环境的影响。纵观国内外有关环境审计程序的研究，仍然是沿袭传统“单向三方审计关系”的脉络来设计环境审计程序，其目的是如何完成对环境委托方授予环境审计方的受托环境责任审计。然而环境是人类生存与发展的基础，环境性契约将天然地嵌入经济性契约和社会性契约之中，人类在考虑经济与社会的发展必先考虑到对环境的保护。因此，根据超契约图，审计程序是为研究“双向四方环境审计关系”的环境审计工作做前期铺垫。环境审计方根据以下 4 个要素的不同设定来确定初步环境审计策略：①对超契约域内不同契约域的环境性契约了解的程度[①]。②对超

① 对超契约域内不同契约域的环境契约：具有经济与环境直接关联的双重属性契约域Ⅲ、具有环境性、经济性与社会性直接关联的三重属性契约域Ⅱ以及由 C 契约域间接与经济性契约与社会性契约所形成具有间接关联的双重或三重属性契约域的“责权利”。

契约内不同契约域的环境性契约风险的计划估计水平。③评价超契约内不同契约域的环境性契约风险时必须执行的环境产权制度配置有效程度测试。④为使环境审计风险降低到合理水平而要执行的实质性程序。对于上述各要素的不同设定（详细、一般以及最低），可采用不依赖被审计单位超契约内不同契约域的环境产权制度配置有效程度的主要实证法，或采取超契约内不同契约域的环境产权制度配置有效程度测试与环境审计实质性程序并存的较低环境性契约风险估计水平法。为了确定被审计单位超契约内不同契约域的环境资源产权交易与配置信息的可信度、环境审计实质性程序的性质、时间和范围以及向被审计单位提出有关提升环境产权制度配置有效性的管理建议，环境审计方可以在计划环境审计期间或其工作期间执行主要实证法下的“同步环境产权制度配置有效程度测试”“额外环境产权制度配置有效程度测试”与较低环境性契约风险估计水平法下的“计划环境产权制度配置有效程度测试”。针对“双向现代四方环境审计关系”或“双向现代三方环境审计关系”的环境审计工作，环境审计方极力弥补被审计单位超契约内不同契约域的环境契约不完备部分，即针对超契约内不同契约域的环境产权界定，环境产权交易与配置的类别、过程和结果的测试以及环境定量与定性信息的系统分析，环境审计方将考虑环境审计程序的性质、时间与范围，对超契约内不同契约域的环境性契约所表达的“责、权、利”制衡状况进行审查，搜集充分、适当的环境审计证据，借以提高被审计单位的相关利益方所缔结不同环境性契约的可信赖程度，从而提出恰当公允的审计意见。由于环境资源与超契约内不同契约域所“束缚”的不同属性资源耦合，使得与之关联的其他学科的方法可以应用于环境审计中，同时，日新月异的环境技术也在不断创新环境审计方法。

5.2.8 环境审计报告

对环境审计报告进行的研究并不多，国内外学者主要基于超契约内的契约域Ⅱ和Ⅲ范畴研究环境审计报告内容。杨树滋和王德升（2002）将环境审计报告定义为对环境报告或环境状态的证实，鉴证环境危害产生损失或治理业绩的数据以及有关会计信息真实、合规和体现效益的报告。黄业明（2006）分别对环境财务审计报告、环境合规性审计报告和环境绩效审计报告的含义、基本要素和意见类型进行了研究。Thomson（1994）等认为，环境审计报告内容包括循环审计、环境管理系统审计、交易审计、处理、储存和处置设备审计、污染防范审计、环境负债审计、产品审计等内容。可喜的是，目前国内外学者将环境审计范畴向契约域C和Ⅳ拓展。上海审计学会课题组（2002）对此环境审计报告的内容与形式予以了一定阐述。英国工业联盟（1990）认为环境审计报告的内容应包括：新开发项目环境影响评估，新建企业环境全面调查研究，环境检查、监督和监视，环境管理系统审计，生态审计和ISO14000认证，环境信息的独立鉴证等方面。虽然表述上有所不同，但是很多国内外学者将环境审计结论体现于一般的常规审计报告中，而不再出具专门的环境审计报告，专项环境审计除外。直至目前环境审计报告逐渐细化分为环境财务收支审计、环境合规性审计和环境绩效审计的三大类报告，环境审计报告与传统审计报告依然没有根本上的区别。根据超契约图，环境审计报告应该是环境审计方对超契约内不同契约域所涉及环境性契约不完备部分进行弥补的实际状况进行客观展示。由于环境性契约与被审计单位的经济性契约、部分社会性契约存在契约属性的差异，出具专门环境审计报告势在必行。应根据超契约内不同契约域的环境与经济、社会之间演绎着内涵变化不同的“双向现代四方环境审计关系”或“双向现代三方环境审计关系”出具双向型环境审计报告，并根据超契约内不同契约域进行环境审计报告细化与分类。

借鉴徐政旦教授（2011）提出的审计理论结构之间存在引导与反馈关系，并根据组织的“超契约”本质对环境审计本质、环境审计概念、环境审计目标、环境审计假设、环境审计准则、环境审计程序方法与环境审计报告的双向环境审计关系的环境审计模式再认识。它是对环境审计模式一次颠覆性革命。它不仅回答“向上问责制审计”产生的本源——对环境审计委托方的委托权环境审计，而且阐明了经济性组织承担与自身之间无关联的环境保护责任的缘由。它也是对环境审计新的认识，即环境审计是通过环境审计方引入尽可能弥补（补救）超契约内不同契约域所涉及环境性契约不完备部分，不仅是审计委托方产权的延伸或衍生部分，还包括组织环境审计和受托方对环境审计服务需求而延伸或衍生部分的产权。下面我们将从组织委托方与组织受托方，在超契约内不同契约域所涉及环境性契约范畴，再造本章所认知的双向四方环境审计关系的环境审计模式。

5.3 新环境审计模式的再造

20世纪中叶以前，在以“产权为本”或以“产权为中心”的思想支配之下，资产所有者一味拼命追求财产权益，已危及社会资源消耗的可持续性，并引发了越来越严重的生态环境问题。公众越来越多地意识到它所带来的环境威胁和机遇，逐渐催生了公众与社会组织的环保意识，这不仅迫使他们寻找新的方法来应对这些威胁，抓住其中的机遇。譬如，环境管理体系和ISO14001标准不仅被广泛地采纳与应用，而且公众与社会组织的利益相关者也愿意承担更多的环境保护责任。至此，作为管理和监控工具的“双向四方环境审计关系”的环境审计模式应运而生。目前，政府环境管理中法定职权与法律责任不一致现象较为普遍，现行环境保护立法重视对企业监管，缺乏对政府主体的监管，环境保护的双重领导机制导致环保部门缺乏实现环保监督职能必要的预算资金，这是再造环境审计模式的根本动因。对此，我们分别从组织委托方与受托方的对称角度，在原“单向三方环境审计关系”的传统审计模式基础上再造具有“四方环境审计关系”的新审计模式。

5.3.1 环境审计本质与概念研究

要想厘清不同契约之间耦合环境下环境审计主体的构成和与之对应客体范围的变化，首先要透视环境审计的本质。目前持“零嵌入性”立场的国内外学者关于环境审计本质的理论仍然承袭“经济控制论”或“经济责任论”，只是将部分属于经济范畴的环境事项纳入审计范畴内，致使委托方产权性能外延了环境治理功能、免疫功能等，体现了所谓“环境治理论”的环境审计本质，这与“单向三方环境审计关系”的“经济控制论”并无本质差异。从嵌入性的立场分析，审计不仅是对非完备性委托代理契约进行弥补的产物，也是审计方通过供给来满足法律意义上的委托方、受托方共同需求的商品。但上述两种不同立场却都继承了主流经济学的完全低层次需求假设，其特征表现为，用货币定量界定环境审计市场中环境审计交易费用。随着人们普遍生活质量提高而激发出多样需求欲望，促使利益相关者所缔结的非完备经济性、社会性以及环境性的契约之间耦合形成“超契约”，由此可推论出环境审计本质是指补全[①]超契约中环境性契约非完备性的契约。这种“补全”非完备环境契约的环境审计本质与保险理论所认为的在于分担环境风险的环境审计本质、冲突理论所认为的在于通过独立的合理保证环境业务来维护各个利益集团的环境利益的环境审计本质有异曲同工之妙。基于这样的环境审计本质，到目前为止关于众说纷纭的环境审计概念有了统一的定论：环境审计是一种系统性的环境管理工具，通过环境产权再界定、再保护、再报告等来修复超契约中环境性契约非完备部分，使环境资源产权配置到达最优状态。因此，对“双向四方环境审计关系”的环境审计委托方（环境审计社会委托方与环境审计组织委托方）来说，由环境审计本质也可以推断出：委托环境审计本质是指弥补委托方环境契约的非完备性，也就是指环境受托方是环境契约规则设计者，它表现为环境审计受托方的环境产权得以衍生或延伸，使得委托方履行环境系统的环境治理功能、免疫功能等。根据环境契约的责权利对称性原则，受托环境审计本质是指弥补受托方环境契约的非完备性，也就是指环境委托方是环境契约规则设计者，它表现为环境审计委托方的环境产权得以衍生或延伸，以使受托方履行环境系统的环境治理功能、免疫功能等。相对目前主流观点的经济控制论或者经济责任论的受托环境审计本质来说，本书所说的环境审计本质不仅将属于经济范畴的环境事项拓展到社会范畴的环境事项以及纯环境范畴的所有环境事项，而且将环境事项处理方由受托方拓展到委托方。针对环境审计概念来说，可以分化为委托环境审计和受托环境审计，委托环境审计是指法律意义上的环境审计受托方委托环境审计方对环境审计委托方的委托环境契约非完备部分进行修复（对环境委托方的“责、权、利”审计）。它是一种作为受托方环境产权延伸或衍生的系统性环境管理工具，通过委托方环境产权再界定、再保护、再报告等来修复超契约中委托方环境性契约非完备部分，使委托方环境资源产权配置到达最优状态；受托环境审计是指法律意义上的环境审计委托方委托环境审计方对环境审计受托方的委托环境契约非完备部分进行修复（对环境受托方的“责、权、利”审计）。它是一种委托方环境产权延伸或衍生的系统性环境

① 所谓“补全”也是针对“超契约”中环境产权的再界定、再保护，以消除环境产权的模糊地带，使环境契约趋于完备。

管理工具，通过受托方环境产权再界定、再保护、再报告等来修复超契约中受托方的环境性契约非完备部分，以使受托方环境资源产权配置到达最优状态。

5.3.2 环境审计主体研究

为了使环境审计主体的研究符合人们对事物的认知规律，我们先从历史的角度来梳理环境审计主体构成的变化，再从超契约角度来论述本章的环境审计主体构成。当然，环境审计主体的对象也会随之发生相应的变化。

（1）环境审计主体历史之演化。

早期的环境立法侧重于惩罚污染者和采用命令形式防止污染。当涉及严重的环境问题时，鉴于法律的强制性，企业会被迫做出反应。对此，公司在原经济性契约内“植入”环境审计，其首要目的是遵守法规和监管制裁处罚，并且要求内部审计人员拥有必要的训练和经验来审计属于公司经济活动所拓展的环境成本和责任。随着环境管理体系成为企业管理必不可少的组成部分，它需要环境审计对公司环境控制体系是否有效以及公司的内、外部的政策是否保持一致进行再界定。同时，越来越多的企业主动自愿进行环境质量方面的审计，将其引入环境管理体系之中，如 EMAS 或 ISO14000 环境管理体系标准的贯彻执行等。为了确保公司执行 EMAS 或 ISO14000 环境管理体系标准，EMAS 和国家标准化组织或设立相关部门执行环境审计，因此外部环境审计人员正在成为环境管理体系的关键人物。在瑞典，外部审计人员对制造业企业解释和运用与其产品相关的 ISOI4001 规定，同时成为连接环境管理系统与环境绩效的核心人员。独立的外部审计可以增加企业的公信度。因此，审计主体构成由内部审计人员逐渐演化为外部审计人员。在不久的将来，内部审计研究所与环境审计组织将共同开设环境审计员认证，这也能证明审计员的专业资格。同时，统一标准化专业审计资格标准也促使企业由内部审计、民间独立审计与国家审计在实际审计业务中的界限逐渐变得模糊。Lightbody（1995）认为，最早的环境审计是“审计员”和“检查员”而不是会计师的活动。但随着对环境审计预期值不断增加以及对各种专业人士需求递增，审计主体的构建也逐渐具有了自己的“特色”，以克服理论对实践的脱离。Power（1996）指出，审计应探索对传统财务审计和环境审计的有效结合。同时，在环境审计过程中审计人员要采取新的科技手段。Roxas 等（1997）提出审计员背景知识的重要性，文化导致民族特有的决策思维方式并影响审计过程，这都说明了环境审计是社会发展的一部分。若从契约角度来考量，企业是由经济性契约发展到经济性契约、环境性契约以及社会性契约的综合。为了适应企业综合性契约的需求，管理层应该考虑其他方面的变化，例如阐明制定环境政策的原则，表达和解释的方式也应做出调整。此外，对于员工策略也要有所改变，针对员工培训、员工的发展计划、人事决定等建立一个新的环境管理体系。在董事会中加入懂环境专业知识的董事。管理也要重新审视对环境事件的披露政策。在企业综合性契约理论指导下，国外学者研究环境审计主体构成往往基于不同环境审计项目的技术法规来“拼凑”科学家、工程师、内部审计员以及注册会计师等；我国学者关于环境审计主体的典型观点是国家环境审计、社会环境审计、内部环境审计共同执行，不分主次，即使后来环境审计范围拓展到对制度体系的审计，往往也是把自己置身于被审计制度体系之外。但面对现实中层出不穷的环境审计尚无法解决的大量环境问题，学者们应该从企业不同契约之间耦合而成的超契约视野来研究环境审计本质及其概念，在此基础上对置身于环境制度体系之中的环境审计主体的“规制”乃至对环境审计客体变化进行深入探索。

（2）环境审计主体之构成与具体环境审计目标之形成。

根据超契约的定义，我们将环境产权行为空间界定在如5.1所示的超契约图之中，并对其环境产权行为的约束条件进行分析，进而达到对链接环境产权主体与客体的环境审计主体构成之分析。当然在环境审计市场中，作为环境审计服务供给的环境审计主体，均能满足环境审计委托方和环境审计受托方的环境审计服务消费需求。

地球是人类的生存与发展之本，自从人类社会产生，原环境契约关系逐渐演化为经济契约关系、社会契约关系与环境契约关系。由此表明环境契约关系是根基，基于生态学的共生理论，作为纯经济性契约域A、纯社会性契约域B以及具有经济与社会双重性契约域I应该间接承担纯环境性契约域C自身所产生的环境问题。其中造成契约域C范围内的环境问题则是由自然灾害所引起的，譬如地震、海啸等。因此，构成对此类环境问题的环境审计对象表现为代

表公共环境产权的环境审计社会委托方的政府或公益性组织的规制权[①]、所有权。契约域C的非完备环境性契约自身属性决定了应该由环境技术计量与监测方面科学家、工程师、政府环境审计人员等构成环境审计主体。此类环境审计主体所能实现环境审计社会委托方的期望结果，即委托环境审计目标——对组织外委托方，由组织外委托方把部分或者全部委托环境责任委托给组织内委托方以及组织内委托方自身承担的委托环境责任履行状况进行鉴证，并发表公允环境审计意见。委托环境审计目标是指，作为环境责任的受托方也可以通过环境审计主体的审计功能履行来实现维护由环境契约所赋予自身的合法正当权益。

具有经济环境双重属性契约域Ⅲ，将环境事项纳入经济事项范畴，经济环境产权问题可能仅由经济资源产权行为造成，也可能由环境资源产权行为造成，还可能兼而有之。作为环境审计社会委托方的政府等公益性组织利用环境审计市场将公共环境产权植入契约域Ⅲ中形成了环境公有产权职能模块，因此，构成委托环境审计对象既有环境契约中具有共有产权属性的环境审计社会委托方的委托权、规制权、所有权，也有经济契约中具有私有产权属性的组织环境审计委托方的委托权、规制权、所有权。契约域Ⅲ的复杂非完备部分决定了由注册会计师为主导的环境技术计量与监测方面科学家、工程师，政府环境审计人员、企业内部审计员等构成环境审计主体，此类环境审计主体所能实现环境审计社会委托方与组织环境审计委托方各自期望结果，即委托环境审计目标对环境审计社会委托方与组织环境审计委托方各自环境产权进行系统性公正鉴证，并发表公允委托环境审计意见，以期实现委托方环境系统的治理功能和免疫功能等。根据环境契约的对称性原则，受托环境审计目标是指，环境审计主体通过对环境审计社会委托方与组织环境审计委托方以契约域Ⅲ形式赋予受托方合法正当的各种环境责任受托权，并对此环境责任受托权的履行状况进行系统性公正鉴证，发表公允受托环境审计意见，以期借助环境审计受托的各自受托权得到维护来实现受托方环境系统的治理功能和免疫功能等。

对契约域Ⅱ来说，通过个人的多样性需求促使经济、社会与环境的三重属

① 政府的规制权只是对其监督管理职能的体现，政府并不干涉环境资源的市场交易和经营，只是对环境治理企业进行监督和环境质量监察以及标准的订立。

性资源耦合而成的非完备性契约域Ⅱ，其中产生的环境产权问题可能是这三类契约中的一种、两种或它们共同作用的结果。除了作为公有环境产权的环境审计社会委托方的政府以环境资本或生态资本的出资者或所有者身份成为契约域Ⅱ缔约者外，作为公有环境产权的环境审计社会委托方的社会方则利用社会资本供给者或所有者身份加盟到契约域Ⅱ之中。因此，相对于契约Ⅲ来说，委托环境审计对象增加了社会组织的委托权、所有权与规制权，相应地，环境审计主体增添了社会公共工程方面专家、学者以及工程师等新成员。针对契约域Ⅱ而言，环境审计目标就是查实环境审计委托方的经济、社会与环境三重环境委托责任的“和谐”履行状况，通过发表公允的委托环境审计意见以期环境审计社会委托方与组织环境审计委托方的各自权益得到维护。根据环境契约的对称性原则，受托环境审计目标是指，此类环境审计主体通过对环境审计社会委托方与组织环境审计委托方，以契约域Ⅱ形式赋予环境审计受托方合法正当的各种环境责任受托权，并对此环境责任受托权的履行状况进行系统性公正鉴证，发表公允受托环境审计意见，以期借助环境审计受托的各自受托权得到维护来实现受托方环境系统的治理功能和免疫功能等。

然而兼具公共产权属性的环境性契约与社会性契约之间耦合而成的契约域Ⅳ所产生的环境产权问题多为“外部性”问题，产权的功能便是如何将外部性问题内部化。因此，委托环境审计对象更多为政府或社会组织的所有权与规制权，它的主体只需要从契约Ⅱ环境审计主体中除去企业内部审计员以及注册会计师。从契约域Ⅳ来看，委托环境审计目标为查实环境审计社会委托方，通过促进社会文明进步来达到对环境责任的履行状况，通过发表公允的委托环境审计意见来期望环境审计社会委托方的各自权益得到维护。根据环境契约的对称性原则，受托环境审计目标是指此类的环境审计主体通过对环境审计社会委托方，以契约域Ⅳ的形式赋予环境审计受托方合法正当的各种环境责任受托权，并对此环境责任受托权的履行状况进行系统性公正鉴证，发表公允受托环境审计意见，以期借助环境审计受托权得到维护来实现受托方环境系统的治理功能和免疫功能等。为了体现保护环境的公平负担原则，环境性契约C所产生的环境问题相对于契约Ⅱ、Ⅲ及Ⅳ均不应再负担。除了环境产权外，虽然环境收益权不具有独立环境产权属性，但它是上述产权形成的目的，也是委托与受托环境审计的主要对象之一。

总而言之，通过对上述环境审计主体论述，默认了环境审计主体自身具有双重功能——委托环境审计功能和受托环境审计功能。为了更好塑造良好的环境审计市场秩序，要厘清环境审计规范理论。

5.3.3 环境审计总体目标与假设研究

“审计和会计都是产权结构变化的产物，是为监督企业契约签订和执行而产生的”。因此，将环境与审计结合在一起必然产生环境产权问题，而对于环境产权问题，产权理论则认为，可以通过环境施害者和受害人之间的交易来解决，并不需要政府的干预，政府的职责只是界定清晰产权。因此，从产权属性角度并结合环境审计的本质，可以推论出委托环境审计目标是环境审计委托方期望通过环境审计方对超契约非完备委托环境契约修补来获得完备性委托契约结果。同理，也可以推论出受托环境审计目标是指，环境审计受托方期望通过环境审计方对超契约非完备受托环境契约修补来获得完备性受托契约结果。关于国内外审计学者对影响审计目标的因素已达成共识：一是社会的需求；二是审计自身的能力；三是法律、法庭判决以及会计职业团体制定的审计准则。鉴于此影响因素产生的原因，并以环境审计的本质理论为指导，提出委托环境审计假设与受托环境审计假设。

基于社会需求视角来透视环境审计市场，根据信息理论推论出委托环境审计产生的根源假设：委托方环境信息的不对称、不确定、可验证与重要性假设；受托环境审计产生的根源假设：受托方环境信息的不对称、不确定、可验证与重要性假设。但目前环境审计仍然承袭主流经济学的完全低层次社会需求假设，这就决定了环境审计目标只能局限于涉及环境内容的财务报表真实公允鉴证或揭弊查错。显然，满足环境审计的各层次需求假设更符合解决环境问题的实际需要，由此可以推论出委托环境审计假设与受托环境审计假设均为各层次需求假设或者马斯洛需求层次假设。基于审计自身能力视角来分析环境审计主体应具备的资格条件，根据风险理论与冲突理论推论出：无论是委托环境审计主体，还是受托环境审计主体，它们均是来自环境审计市场中的环境审计服务供给者，因此它们均要求环境审计主体具有完全理性、胜任性假设，当然这两种假设是建立在各层次需求假设的基础上。基于法律、法庭判决与审计准则视角来厘清环境审计工作的依据、技术方法与环境责任，根据本章的补全契约理论，可推论出委托环境审计委托方的内控有效性、认同一贯性、证据力差别性与风险可控性；责任明确性假设和受托环境审计受托方的内控有效性、认同一贯性、证据力差别性与风险可控性以及责任明确性假设。当然这五种假设是利用如图4.1所示的“超契约图”来分析环境审计主客体之构成，进而展示它们内涵与外延的深化。

5.3.4 环境审计原则研究

根据“委托环境审计”的概念与本质可推理出委托环境审计是通过延伸或衍生环境受托方的产权部分对环境委托方契约非完备部分的修复，其修复的对象是环境委托契约中处于非均衡博弈状态的“责、权、利”。其中判断修复的理论依据，可借鉴资源基础理论中“权力来源于资源，资源决定权力”的观点以及以法律法规为核心要素“权利与义务（责任）对称性”。在这一理论下所形成的指导和制约委托环境审计各个主要过程和程序的一般性委托环境审计原则为：生态优化性原则，环境委托方权利与责任对等性原则，独立、客观与公正性原则及具体情况具体分析性原则。为了确保一般性委托环境审计原则在委托环境审计各个过程中得以贯彻，需要的相应业务性委托环境审计原则为：①制定委托环境审计业务计划原则为全面性、重点性与科学性。②收集和评价委托环境审计证据原则为可靠性、及时性与经济性。③编报委托环境审计报告原则为公正性、客观性与明晰性。同样，根据“受托环境审计”的概念与本质可推理出受托环境审计是通过延伸或衍生环境委托方的产权部分对环境受托方契约非完备部分的修复，其修复的对象是环境受托契约中处于非均衡博弈状态的“责、权、利”。基于委托环境审计原则论述逻辑，受托环境审计的一般性委托环境审计原则为：生态优化性原则，环境受托方权利与责任对等性原则、独立、客观与公正性原则及具体情况具体分析性原则。尽管某些原则表述一字不差，但它们的侧重对象是不同的。对于受托环境审计的业务性委托环境审计原则为：①制定受托环境审计业务计划原则为全面性、重点性与科学性。②收集和评价受托环境审计证据原则为可靠性、及时性与经济性。③编报受托环境审计报告原则为公正性、客观性与明晰性。无论是委托环境审计原则，还是受托环境审计原则，对环境委托与受托双方契约的合理性缔约，最终均归集为委托与受托双方的环境审计主客产权的有效安排。为了实现环境审计

市场资源有效性配置，从产权属性角度来分析委托与受托双方环境审计契约形成之前提及产生目的，显得尤为重要。这将有利于理解委托环境审计假设、目标与受托环境审计假设、目标。

5.3.5 环境审计规范理论分析

当前中国环境产权制度存在三大缺陷：第一，环境产权主体处于被虚置的状态，造成“产权残缺”；利益非对称性导致“产权模糊”。第二，环境产权交易成本构成不完整，缺少“环境治理和生态恢复成本”。第三，环境监管体制不健全，包括环保稽查和环境审计制度不完善等。造成上述三大缺陷根源之一在于环境资源委托方既充当了“裁判员”又充当了“运动员”，这成为分类研究委托环境审计与受托环境审计的根本动因之一。另外，传统审计偏重环境审计项目技术性审计轻视环境制度审计，这种治标不治本的环境问题审计本身就存在问题，这也成为分类研究委托环境审计与受托环境审计的初衷。基于这样的初衷与根本动因，结合超契约图对委托环境审计规范与受托环境审计规范分类进行梳理与创新。

针对纯环境性契约域C来看，要求环境审计主体既要精通环境生态监测计量技术，又要会利用如ISO14000环境管理体系标准来提升环境控制质量；针对契约域Ⅲ来说，要求环境审计主体既要精通经济技术与环境技术之间相互作用的关系，又要会利用财经法规、环境保护法规等促进经济与环境的和谐发展；针对契约域Ⅱ而言，要求环境审计主体既要通晓经济技术与环境检测计量技术应用，又要具备一定社会经验技术等，在财经法规、环境保护法规与社会法律法规以及道德准则等综合运用的基础上提升环境综合控制质量；针对契约域Ⅳ来看，要求环境审计主体既要通晓环境检测计量技术的应用，又要具备一定社会经验技能等，站在提高环境控制质量的立场上应用环境保护法规、社会法律法规以及道德准则等。

为了使委托环境审计基础理论与受托环境审计基础理论更容易合理地指导环境审计实践，基于上述不同环境性契约域特征分析的基础上来构建具有委托环境审计和受托环境审计双重功能的环境审计主体，对其职业资格与执业行为所必须遵循的职业技术规范、道德规范与环境质量控制规范进行理论探索。

（1）环境审计技术规范理论。

环境审计技术规范是指环境审计主体为满足具体环境审计目标的需求而对获取环境审计证据的一系列技术方法的罗列，从而达到对环境审计资源最优有效配置。根据环境审计技术规范定义及其双向四方环境审计关系，我们可以推论出委托环境审计技术规范是指，环境审计主体为满足具体委托环境审计目标的需求而对获取委托环境审计证据的一系列技术方法罗列，从而达到对委托环境审计资源最优有效配置。同理，受托环境审计技术规范是指，环境审计主体为满足具体受托环境审计目标的需求而对获取受托环境审计证据的一系列技术方法罗列，从而达到对受托环境审计资源最优有效配置。因此，通过上述对不同环境性契约域的环境审计主体应具备技术属性分析，采用风险导向理论对环境审计主体面临不同环境性契约域内的不同具体委托环境审计与受托环境审计的不同风险采取相应的委托环境审计技术方法与受托环境审计技术方法进行各自约定，使之在有效获取委托环境审计证据与受托环境审计证据的应用过程中促使委托环境审计风险与受托环境审计风险达到各自可接受水平之内。

（2）环境审计职业道德规范理论。

由职业道德概念①推导出行为规则，行为规则的解释和道德裁决则概括了各项行为规则在审计实践中的具体运用。因此，环境审计道德规范是指导环境审计主体树立其职业道德观念，约束自身执业行为的道德标准。这主要体现了环境审计的高层次需求假设，无论是针对超契约的委托环境契约，还是对超契约的受托环境契约来说，它们对环境审计主体的要求必然体现委托环境审计和受托环境审计的双重功能，这为规范环境审计道德提供了指南。通过对缔结上述不同契约域所需道德基础的把脉，规范委托环境审计职业道德与受托环境审计职业道德的理论仍可沿用美式“规则导向”（Rule - oriented）的职业道德规范理论，结合每个契约域的约束条件建立一套详细的委托环境审计职业道德与受托环境审计职业道德分类具体规则，在明确委托环境审计主体与受托环境审计职业道德主体的行为理想标准和努力方向的基础上，规定详细的允许性、限制性关系与交易规则，确立委托环境审计主体道德行为与受托环境审计职业道

① 职业道德概念包括独立性、正直与客观；一般标准和技术标准；对客户的责任；对同行的责任；其他责任。

德主体行为的最低可行标准。当然，在不同契约域交叉约束条件下结合本章委托环境审计概念，亦采用英式“框架导向”（Conceptual Framework Approach）的职业道德规范理论，在IFAC颁布道德守则的基础上强调委托环境审计主体与受托环境审计主体应当按照概念框架对委托环境审计职业道德基本原则与受托环境审计职业道德基本原则的应用进行明文分类规定。

（3）环境审计质量控制规范理论。

造成环境质量恶化的不是一般意义上的生产发展，而是整个社会经济发展活动中的不合理性结果。因此，从超契约角度来看，委托环境质量控制与受托环境质量控制都应该采用建立在现代控制论和系统工程基础之上的大系统理论，它强调环境委托方与环境受托方两种融合体系控制，进而适应多重状态空间环境变化。因此，环境审计质量控制规范是指，通过分解和协调达到维护和改善经济、社会与环境的全面环境控制质量最优化的多级递阶结构、多段控制结构和分散控制结构的结构方案进行环境审计规则约定俗成或明文规定。根据超契约中具有委托代理的环境契约来说，由环境审计质量控制规范可以推论出委托环境审计质量控制规范，即它是指通过分解和协调达到维护和改善委托方经济、社会与环境的全面环境控制质量最优化的多级递阶结构、多段控制结构和分散控制结构的结构方案进行委托环境审计规则约定俗成或明文规定；受托环境审计质量控制规范是指，通过分解和协调达到维护和改善受托方经济、社会与环境的全面环境控制质量最优化的多级递阶结构、多段控制结构和分散控制结构的结构方案进行受托环境审计规则约定俗成或明文规定。这种分类理由的主要原因是：第一，由于环境产权的公有属性，往往产生“公共地”的悲哀，对于造成环境问题的责任主体界定常常徘徊在委托方与受托方之间，结果解决环境问题成了他们之间相互“踢球”的可能；第二，截至目前的环境审计均侧重受托环境审计，而且仅局限于经济范畴，传统环境审计只强调组织内受托方的受托责任履行程度或是权力源头委托方的委托责任追求，其结果常常导致环境治理问题陷入被动的恶性循环之中。因此，对委托环境审计质量控制与受托环境审计质量控制之间分类规范，显得尤为重要。

5.3.6 环境审计应用理论分析

环境审计应用理论是在环境审计基本理论和环境审计规范理论指导下所建

立的旨在指导委托环境审计实务、提供操作指南的环境审计理论，也是对环境审计过程组织、控制以及操作的一般原理归类总结。根据超契约中环境契约的委托代理本质，并结合环境审计应用理论的定义可推论出委托环境审计应用理论是在委托环境审计基本理论和委托环境审计规范理论指导下所建立的旨在指导委托环境审计实务、提供操作指南的委托环境审计理论，它也是对委托环境审计过程的组织、控制以及操作的一般原理归类总结。因此，委托环境审计应用理论研究对象集中体现于委托环境审计过程之中，它包括委托环境审计组织理论、委托环境审计控制理论与委托环境审计操作理论。同理可知，受托环境审计应用理论是在受托环境审计基本理论和受托环境审计规范理论指导下所建立的旨在指导受托环境审计实务、提供操作指南的受托环境审计理论，它也是对受托环境审计过程的组织、控制以及操作的一般原理归类总结。因此，受托环境审计应用理论研究对象集中体现于受托环境审计过程之中，它包括受托环境审计组织理论、受托环境审计控制理论与受托环境审计操作理论。根据超契约图分析环境审计之主体，可推理出如图 5.2 所示的委托环境审计过程。在此过程中对委托环境审计应用理论进行分析。

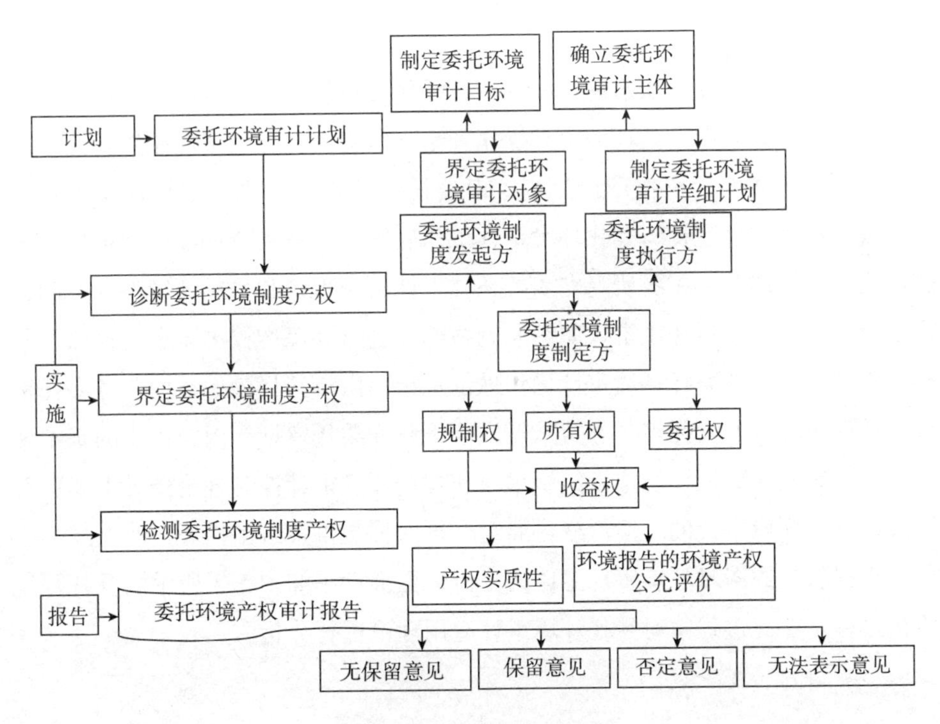

图 5.2　委托环境审计过程

（1）委托环境审计应用理论。

①委托环境审计组织理论。根据委托环境审计本质可得出，委托环境审计组织是指，环境审计主体根据环境审计受托方的委托契约关系建立起对环境委托方的环境委托责任进行审计的组织架构，明确委托方的环境责、权、利关系，以提高委托环境审计工作效率，确保委托环境审计质量达到预期的委托环境审计目标。研究委托环境审计组织应该采用复杂系统组织理论，从熵减原理、耗散结构和非线性机制等角度对委托环境审计作为保障生态环境健康运行的“免疫系统”本质进行深入分析，研究委托环境审计市场产权配置与交易关系。

②委托环境审计控制理论。根据委托环境审计定义可得出，委托环境审计控制是指，为了达到补全委托方环境契约非完备部分，通过对委托环境审计主体的从业资格、技术水平和职业道德的监督以及对委托环境审计过程的控制来确保委托环境审计目标的实现。因此，委托环境审计契约本质决定了采用自动控制理论研究委托环境审计过程的环境审计市场中各项风险是否在预期控制水平范围内。为了达到预期委托环境审计控制效果，通常会采取以过程为导向的委托环境审计质量评价和以结果为导向的委托环境审计质量评价相结合的系统委托环境审计控制过程。

③委托环境审计操作理论。根据审计操作理论划分可以得出，委托环境审计操作理论分为一般委托环境审计操作理论与特殊委托环境审计操作理论。其中一般委托环境审计操作理论是指，由委托环境审计计划、委托环境审计方法、委托环境审计证据、委托环境审计工作底稿，以及委托环境审计报告等内容构成的基本体系，主要研究在委托环境审计组织理论和委托环境审计控制理论指导下如何对委托环境审计契约非完备部分进行环境产权再界定、再保护与再报告工作。特殊委托环境审计操作理论是指，由特殊目的的环境业务委托审计、特殊环境行业委托审计和特殊性质环境业务委托审计等内容构成的基本体系，主要研究在委托环境审计组织理论和委托环境审计控制理论指导下如何开展特殊委托环境审计的环境产权再界定、再保护与再报告工作。

根据超契约图对环境审计主体的分析，可推理出如图 5.3 所示的受托环境审计过程。在此过程中对受托环境审计应用理论进行分析。

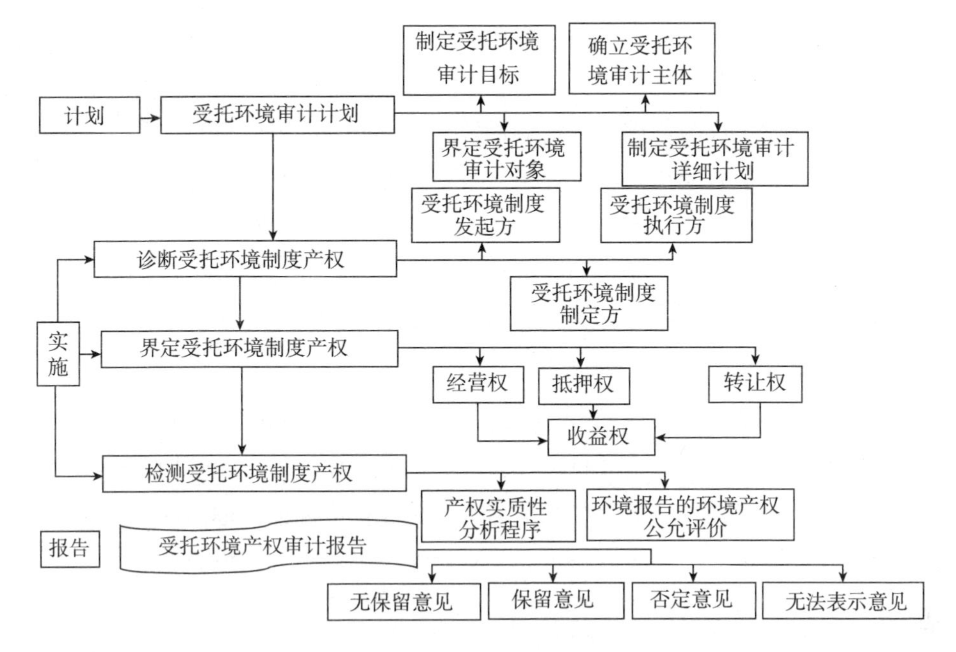

图 5.3　受托环境审计过程

（2）受托环境审计应用理论。

①受托环境审计组织理论。根据受托环境审计本质可得出，受托环境审计组织是指，环境审计主体根据环境审计委托方的委托契约关系建立起对环境受托方的环境受托责任进行审计的组织架构，明确受托方的环境责、权、利关系，以提高受托环境审计工作效率、确保受托环境审计质量达到预期的受托环境审计目标。因此研究受托环境审计组织应该采用复杂系统自组织理论，从熵减原理、耗散结构和非线性机制等角度对受托环境审计作为保障生态环境健康运行的“免疫系统”本质进行深入分析，研究受托环境审计市场产权配置与交易关系。

②受托环境审计控制理论。根据受托环境审计定义可得出，受托环境审计控制是指，为了达到补全受托方环境契约非完备部分，通过对受托环境审计主体的从业资格、技术水平和职业道德的监督以及对受托环境审计过程的控制来确保受托环境审计目标的实现。因此，受托环境审计契约本质决定了应采用自动控制理论研究受托环境审计过程的环境审计市场中各项风险是否在预期控制

水平范围内。为了达到预期受托环境审计控制效果，通常会采取以过程为导向的受托环境审计质量评价和以结果为导向的受托环境审计质量评价相结合的系统受托环境审计控制过程。

③受托环境审计操作理论。根据审计操作理论划分可以得出，受托环境审计操作理论分为一般受托环境审计操作理论与特殊受托环境审计操作理论。其中一般受托环境审计操作理论是指，由受托环境审计计划、受托环境审计方法、受托环境审计证据、受托环境审计工作底稿以及受托环境审计报告等内容构成的基本体系，主要研究在受托环境审计组织理论和受托环境审计控制理论指导下如何对受托环境审计契约非完备部分进行环境产权再界定、再保护与再报告工作。特殊受托环境审计操作理论是指，由特殊目的的环境业务受托审计、特殊环境行业受托审计和特殊性质环境业务受托审计等内容构成的基本体系，主要研究在受托环境审计组织理论和受托环境审计控制理论指导下如何开展特殊受托环境审计的环境产权再界定、再保护与再报告工作。

5.4 新环境审计模式的特征与功能分析

基于对环境审计模式再造的详细论述，丰富和发展环境责任审计模式，针对环境审计市场的需求方而言，强调受托责任的传统环境审计被视为组织委托方环境产权在经济契约范围内衍生或延伸的部分，它描述委托方对环境审计服务在经济范围内的消费情况，而委托环境责任审计则被视为组织受托方环境产权在组织经济、社会、环境范围内衍生或延伸部分，它描述受托方对环境审计服务在组织综合契约范围内的综合消费状况。目前全世界持续恶化的环境问题不仅唤醒了公众的环保意识，而且也催生出包括管理和监控等治理工具的环境审计。但当前过度强调受托环境责任制度建设，忽视了对委托环境责任秩序塑造的认知，造成组织受托方“环境产权残缺”，以致无法对委托方的环境问题进行系统性检查、检验、核实与评价。因此，前文在拓展传统受托环境责任审计范畴的基础上再造了环境委托责任审计模式。新的环境审计模式不仅具有传统环境审计——受托责任审计的特征与功能，而且还拥有委托环境责任审计的特征与功能。

5.4.1 受托环境审计的特征与功能

根据国内外对审计功能的研究，演化至现在基本达成一致共识：审计功能是审计本质属性所决定审计所发挥的职能、作用与职责。审计功能具有审计本身所固有的、本质的、客观的特征，它随社会经济和民主政治发展变化而不断演化。也就是说审计功能是一种“集合”，“集合”内的元素是随着社会经济、文化、政治等变化而变化的。这里也包括审计本质具有历史性的特征。审计本质演化脉络：“查账论”“方法过程论”“监督论”“经济控制论”。因此，目前所谓主流的环境审计只是受托责任审计的延伸，即将部分环境范畴纳入审计受托责任的经济范畴之中。审计功能，即监督 、鉴证 、评价、认证，也传承给了环境审计，因此环境审计也具有环境的监督 、鉴证 、评价、认证等功能。由于环境审计承袭审计的受托责任本质，这就决定环境审计也具有保全性、合法（规）性、经济性、效率性效果性和社会性以及控制性的特征，这些只是对环境审计本质属性所决定的环境审计所发挥的职能、作用与职责的一种抽象或概括。正是由环境审计的特征与功能所决定的目前环境审计仍然延续民间独立审计的财务收支性、合规性以及绩效性，它把环境审计划分为环境财务收支审计、环境合规性审计和环境绩效审计三大类，这也说明目前的环境审计模式与传统审计模式并没有根本上的区别。基于前述，环境审计的本质是：弥补超契约非完备性。环境审计的特征应该增加环境性、公平性以及控制的双向性特征，理由如下。

（1）超契约范畴决定了环境审计具有环境性特征。

超契约的非完备部分包括经济性契约非完备部分、社会性契约非完备部分、环境性契约非完备部分。而传统环境审计只局限于经济性契约范畴，本书所研究的环境审计本质是指弥补超契约非完备部分，因此相对于传统环境审计来说，它应该具有环境性特征。

（2）“双向四方环境审计关系”决定环境审计具有双向控制性特征。

目前环境审计是承袭“单向三方审计关系”的单向控制性特征，而本书所论证的环境审计是在“单向三方审计关系”基础上，依据契约所规约的权利与义务对等性与环境审计市场的公平交易规则再造“双向四方环境审计关系”，因此相对于目前环境审计的单向控制性特征而言，本书所再造的环境审计具有双向控制性，且控制的对象由经济活动拓展到社会活动与环境活动。

（3）环境审计市场的公平交易规则决定了环境审计具有公平性特征。

对于环境审计市场来说，它不分辨环境审计是委托方还是受托方，对于环

境审计服务的需求来说，它只有消费者，不论是委托方还是受托方，都只能依据市场普适性规则：用公平交易来对待每一位消费者。另外，环境是人类赖以生存与发展的基石，很多环境资源不具有可再生性特点。基于可持续发展理论，人类必须要追求代际公平，否则人类将从地球上消失或消亡。因此，环境审计的公平性特征具有深刻的人类生存与发展内涵，而不仅仅是环境审计市场公平交易规则的体现。

基于弥补超契约非完备性的环境审计本质，上述是对受托环境责任审计的特征与功能的论述，下面将基于弥补超契约非完备性的环境审计本质对委托环境责任审计的特征与功能进行分析。

5.4.2 委托环境审计的特征与功能

委托环境审计是指，法律意义上的组织受托方委托环境审计主体对组织委托方在环境范围内一系列环境产权交易与配置状况进行的检查、检验、核实与评价。基于契约所规约的权利与义务对等性要求，委托环境审计的功能也承袭了受托环境责任审计的功能：监督、鉴证、评价、认证；委托环境审计的特征也沿袭了受托环境责任特征：保全性、合法（规）性、经济性、效率性、效果性、社会性、环境性、双向控制性。除此之外，委托环境审计还具有如下特征与功能。

①委托环境审计具有综合契约性。环境是人类生存发展的依托，更是经济、社会发展的基础，从权利源头对组织的委托方进行委托环境责任审计以消除委托方在环境范围内产权归属的模糊地带，使组织委托方获得环境系统的治理功能、免疫功能等。作为社会平台的组织，它的超契约本质决定其环境产权拓展至社会与经济范畴，也赋予委托环境责任审计以综合契约性质。

②委托环境审计对象范围的广阔性。在组织的超契约范围内，委托环境责任审计对象表现为组织环境契约委托方的产权束：规制权、所有权、委托权及它们各自对应的收益权，其产权属性不仅包括与社会契约交叉拓展的委托方公共环境产权、与经济契约交叉拓展的委托方私有环境产权，而且包括经济社会环境性契约中准公有产权属性，以及由它们构成的委托环境审计对象的产权束，也将随着社会经济发展不断丰富发展。

③委托环境审计主体构成的有机性。目前在经济范畴内强调受托环境责任

的环境产权制度造成了经济范畴以外的环境产权主体的缺位或虚置，这也注定了传统环境审计主体的构成往往基于不同环境审计项目的技术法规来随机“拼凑”环境专家、工程师、内部审计员以及注册会计师等。然而在组织超契约范围内，根据组织超契约规约很容易厘清作为组织委托环境责任审计主体构成具有某种有机性。

④委托环境审计功能定位的全免疫性。目前受托环境责任审计只是将部分属于经济范围的环境事项纳入审计范畴内，外延了仅在经济范围内的组织委托方的环境治理功能、免疫功能等，因此，这样的环境审计无法达到完全免疫功能效果。针对组织委托环境责任审计而言，它接纳了经济范畴以外的环境事项，在与社会、经济契约交叉拓展范围内外延了组织受托方的环境产权治理功能、免疫功能等，因此委托环境责任审计的功能定位具有全免疫性。

5.5 本章小结

通过对环境审计主体变化的历史沿革分析，在超契约视野下论证了环境产权行为下的环境审计本质及其定义，推论出委托环境审计基础理论：委托环境审计的本质、概念、原则、假设、目标、主客体；受托环境审计基础理论：受托环境审计的本质、概念、原则、假设、目标、主客体。在委托与受托方环境审计基础理论指导下探索了委托与受托的环境审计规范理论：委托与受托的环境审计技术规范理论、委托与受托的环境审计职业道德规范理论及委托与受托的环境审计质量控制规范理论。通过对委托与受托的环境审计过程分析来探索委托与受托的环境审计基础理论及委托与受托的环境审计规范理论指导下的委托与受托的环境审计应用理论：委托与受托的环境审计组织理论、委托与受托的环境审计控制理论及委托与受托的环境审计操作理论。基于上述对委托与受托的环境审计模式探索，总结了本章再造环境审计所具有的特征与功能，相对目前环境审计的特征与功能而言，本章所再造的环境审计模式功能更全，特征更广，这也是本章再造环境审计意义之所在！本章所再造环境审计完全系于环境审计委托方与受托方环境产权的“风筝线”上，论述了通过环境产权再界定、再保护与再报告的方式来修复原超契约下的环境契约非完备部分成为委托与受托了环境审计模式探索的“风筝”。本章从仅理论上再造环境审计模式的研究是为“党的十八大报告”中提出的“加强环境监管，健全生态环境保护

责任追究制度和环境损害赔偿制度”以及党的十八届三中全会中关于“划定生态保护红线”所强调的“探索编制自然资源资产负债表、为领导干部实行自然资源资产离任审计、建立环境损害责任终身追究制”提供重要理论依据。基于再造环境审计模式所具有的特征与功能，后面将针对本章所构造的环境审计模式分别进行国家层面和企业层面的实践。

第6章

基于环境产权行为的新环境审计模式实证研究

中国以贴牌或代工的方式切入全球价值链底端，成就了中国“世界制造工厂”的地位，却消耗了本国和国际上其他国家的不可再生资源，其粗放型的经济增长成就中国改革开放的奇迹，但其所产生的挥之不去的环境污染也聚集在中国主权领空之中，并向邻国拓展。为了治理环境，中国政府从“六五”开始，环保投资由150亿元、550亿元、800多亿元、3600亿元、7000亿元至“十一五”期间达到13750亿元，占同期GDP的比重高达1.6%。根据国家环保部最新研究预测，“十二五”期间环保投入预计将上升至3.1万亿元，在“十一五”的基础上翻番，尽管如此，中国环境污染仍在持续恶化。我国《国民经济与社会发展第十二个五年发展规划纲要》明确提出，要“实施主要污染物排放总量控制，逐步建立碳排放交易市场”。审计署发布《关于加强资源环境审计工作的意见》（2009）和《审计署“十二五”审计工作发展规划》（2011），要求加强资源环境审计监督，强调通过检查国家资源环境政策法规贯彻落实情况、环保资金收支使用情况和资源环保工程项目建设运营情况，维护资源环境安全，充分发挥审计在资源管理与环境保护中的积极作用，推进生态文明建设。广州、天津、湖南、海南、江苏等地方政府开始尝试为排污权交易、碳汇交易进行地方性立法，并积极开展试点。但目前仅限于经济范畴借助“单向三方环境审计关系”的环境审计模式显然无法看管人民的“钱袋子”，“双向四方环境审计关系”的环境审计模式能否有效遏制并降低中国环境污染，本章将基于前述理论探索基础，对第4章再造的环境审计模式进行实证检验，同时为推广该环境审计模式提供经验参考价值。

6.1 实证研究思路设计

根据“双向四方环境审计关系”来理解新的环境审计模式构成：针对环境委托责任来说，作为企业受托方要了解环境委托方的委托权合理与否，自然会去找作为第三方公证人身份的环境审计方，因而企业受托方聘请环境审计方，并自己定义为环境审计受托方。也就是说环境审计受托方是环境审计服务需求者，它需要环境审计方公正、公平、公允地对环境审计委托方的环境委托（产）权进行再界定、再保护以及再报告，从而使自己权益不受侵害。因此，环境审计方为环境审计受托方提供环境审计服务，环境审计受托方提供购买环境审计方的服务价值，即环境审计受托方支付环境审计方的环境审计费用。本章对委托环境责任进行委托环境审计模式进行实证检验。环境审计受托方通过购买环境审计方服务维护自己利益，本章实证研究选择管理层薪酬变量来表征委托环境审计模式的解释变量，而表征环境审计方公正、公平、公允的环境审计目标，自然选择环境审计质量作为被解释变量。为了使委托环境审计模式实证检验不受其他因素影响，在选择实证模型之际选择相应控制变量，在此不做赘述。针对环境受托责任而言，企业委托方要想了解企业受托方对自己的受托权履行效果如何，自然也去做第三方公证人身份的环境审计方，因此，企业委托方聘请环境审计方，并将自己定义为环境审计委托方。环境审计委托方通过购买环境审计方的环境审计服务来维护自身利益，由环境审计委托方支付环境审计方的环境审计费用。本章对受托环境责任进行受托环境审计模式的实证检验。环境委托方通过购买环境审计方的环境审计服务维护自身利益，本章实证研究所选择企业的股东权益变量来表征环境审计委托方自身利益，而表征环境审计方公正、公平、公允的环境审计目标，选择环境审计质量作为变量。同理，为了使委托环境审计模式实证检验不受其他因素影响，在选择实证模型之际选择相应控制变量，在此不做赘述。

6.2 文献梳理与假设提出

审计目标是审计工作的起点和基础。只有确定了审计目标，审计机关和人员才能有针对性地设计审计程序、选择审计方法、收集审计证据、得出恰当的审计结论。根据第4章对环境审计目标探索，基于超契约中环境契约的委托代理本质以及环境审计市场的交易规则，将环境审计目标划分为委托环境审计目标与受托环境审计目标，完成对委托环境审计目标与受托环境审计目标所构建委托环境责任审计模式与受托环境责任审计模式的实证检验。我们做如下文献梳理并推论出本书的实证假设。

6.2.1 受托环境审计模式的文献综述及其假设提出

在马斯洛层序需求假设中，对应于完全低层次需求假设下企业环境信息与企业社会责任披露对企业价值影响研究相对比较成熟，其中 Plumlee 等（2009）分别以预期现金流和资本成本作为公司价值的代理变量，检验了环境披露与财务绩效之间的关系，发现环境敏感行业的资本成本与环境披露质量成反比。对应于高层次需求假设下企业环境信息与企业社会责任披露对企业价值影响研究，目前国内外学者普通关注非财务信息与资本成本之间的关系。Richardson 等（1999）最先以模型形式研究企业社会责任与社会责任信息对企业资本市场价值影响。其中 Richardson 和 Welker（2001）最先采用实证方法研究非财务性信息披露与资本成本之间关系，目前有关恶性环境问题的解决已经成为全球性难题。Plumlee 等（2009）以年报与独立的环境报告的方式披露 2000 ~ 2004 年间美国以环境影响敏感、不敏感以及敏感并接受监管的不同类型上市公司为样本，采用 Clarkson（2008）构建环境信息披露质量指标的自行评分法来检验环境信息披露与资本成本之间的关系，得出环境信息披露质量高低与企业权益资本成本之间呈显著负相关，尤其采用独立的环境报告形式披露环境敏感并接受环境监督的企业环境信息可以进一步降低权益资本成本。关于环境信息披露的监管规定对企业资本成本的影响已从过去企业内部因素转向外部制度性因素，譬如 Chang 等（2009）实证研究萨班斯法案（SOA）（2002）是否有利于降低企业的资本成本，Gomes 等（2007）和 Duart 等（2008）实证检验美国的公允披露规则（FD）对企业资本成本的影响。在这里需要指出的是，由于我国目前还没有发达国家那样公开完成的企业环境表现数据，所以企业年报中的环境信息披露，尤其是环境审计报告是企业投资者了解企业履行社会环境责任最佳且最可靠的重要渠道，使企业环境信息披露对企业权益资本成本的影响起到更大的作用。

因此，根据上述经验，我们可以推论出作为环境监督方式之一的环境审

计，其环境审计主体所接受敏感型企业环境委托方的委托对承担企业社会环境责任的环境审计受托方进行受托环境责任审计，并以环境审计报告形式对企业环境信息进行披露，这将更加有利于委托方目标的完成，借此，我们可以提出检验受托环境审计模式的假设 H_1：

假设 H_1：环境审计质量高低与权益资本成本呈负相关。

企业环境审计委托方购买环境审计的好处之一就是使自己的权益成本减少。对于企业环境审计委托方来说，根据第 4 章“四方环境审计关系”图 4.3，无论是自身承担环境社会委托方所委托社会环境责任，还是自己将其再委托给环境审计受托方，都将使自己的权益成本减少。它购买环境审计的好处之二就是通过获得良好的环境绩效来为自己的企业树立对社会环境负责的形象。对环境社会委托方来说，它的理论依据为合法性理论，该理论认为企业不能违反社会规范，在决策过程中要考虑社会和环境问题，需要向公众揭示环境绩效信息，以此提升公众形象，最终证明其存在的合法性；对企业环境审计委托方来说，它的理论依据为利益相关者理论和自愿信息披露理论，利益相关者理论认为企业需要通过环境信息披露让利益相关者了解自己在环境责任方面所处的立场、所做的努力及取得的成绩，以此得到利益相关者的支持；自愿信息披露理论认为好的环境绩效可以减少企业未来的环境成本，披露信息应该被看作是对投资者利好的消息。因此，环境绩效好的企业应该愿意披露更多的环境信息。

至此，我们可以提出检验受托环境审计模式的假设 H_2：

假设 H_2：环境审计质量高低与环境绩效呈正相关。

其中经验证明有 Al－Tuwaijri 等（2004）、Clarkson 等（2008）发现环境披露与环境绩效存在正相关关系。实证研究中，人们更关注哪些是影响企业环境绩效的决定因素，研究发现公司治理状况、股权结构、企业规模、利益相关者的期望等因素最终会影响作为企业终极社会环境责任受托者的管理者对环境压力的回应，这不仅会影响企业环境绩效水平，而且也会影响企业后期财务状况和经济绩效。

6.2.2 委托环境审计模式的文献综述及其假设提出

对于企业终极环境责任受托者来说，他之所以聘请环境审计主体对环境审计委托方（环境社会委托方和企业环境委托方）实施审计，其目的是维护自身权益。相对于环境审计委托方来说，环境审计受托方维护自身利益表现为他的职位、社会地位、收入以及自我实现的程度，同时他要承担的压力有：政府施加的，社会公众施加的还有企业股东施加的，这些外部压力对那些环境敏感行业、有着良好声誉的企业尤为显著，环境审计报告是企业利益相关者了解企业履行社会环境责任最佳且最可靠的重要渠道，因此，企业环境审计受托者通过环境审计报告来为自己讨回公道，维护自身权益。由此可以得出检验受托环境审计模式的假设 L_1：

假设 L_1：环境审计质量高低与管理者的薪酬呈正相关。

管理者，尤其是高管的薪酬与企业财务绩效为正向挂钩，因此本假设存在经验证明。Bragdon 和 Marlin （1972）、Spicer （1978）、Al－Tuwaijri 等 （2004）认为环境披露与财务绩效之间存在正相关关系。实证检验还表明：企业规模越大、固定资产越多、独立董事比例越高越有利于充分披露信息，两职合一倾向隐瞒不利信息，高管非自愿更换与环境信息披露充分性显著负相关，高管自愿更换与环境信息披露充分性没有显著相关性。由此可以得出检验受托环境审计模式的假设 L_2：

假设 L_2：环境审计质量高低与高管非自愿更换率呈显著负相关。

基于上述假设，研究变量选择与模型设计。

6.3 变量选择与模型设计

根据前文假设以及后文所进行实证检验的需要，对变量选择首先在被解释变量与解释变量之间做抉择。首先探索被解释变量——环境审计质量的选择。

6.3.1 环境审计质量

在标准化的“三方环境审计关系”契约中，根据自律性的审计职业标准和审计职业道德以及他律性的审计职业法律和社会道德进行的审计被认为是保护投资者利益的一种有效手段。然而，名义上的组织委托方并未承担实际委托人应承担的工作，将组织委托权移交给了受托方（被审计方），致使三角制衡变成一种直线互动的审计关系，在双方利益博弈中，审计受托方利用被虚置的投资者利益购买能够维护审计方与被审计方获得合谋利益的“审计意见”蔚然成风。除审

计业务外，还有咨询服务、会计服务及税务服务等，受托方可能给予提供“满意服务”做出“主动配合”的会计师事务所一些可以带来可观收入的非审计业务，使“超然独立”的审计方偏向审计受托方。在“资本雇佣劳动观”立场下，组织委托方通过契约赋予注册会计师获得等价交换的审计费用权利，但因缺乏审计专业性知识，即使配备一定数量的会计专家，仍无法弥补审计委托人签约知识的缺陷，从而放弃本应界定审计责任的权利，这使得注册会计师将一种带有一定专业权威性、对组织委托方似乎别无选择的行业审计约定书作为“保护伞”，一味放任潜在的审计失误，借以节约审计成本，即使发生争执，也会因审计行业约定书的“群体效应”增加诉讼程序的筹码，单个组织委托人在缺乏理性的司法宣判中，可能会遭受漠视。因此，在组织的委托方与受托方不能在利益上保证作为“公证人”身份的审计方获得公平性，很难以自律性的审计职业标准和审计职业道德以及他律性的审计职业法律和社会道德保证审计方在精神状态上保持超然独立。尽管审计职业界“确认会计师在现代诉讼浪潮中必须寻求自保之道”，昔日审计责任反映属于管理层的会计责任不清，危及会计师职业发展的问题变得日益突出。“深口袋”倾向、美国的“1136 租户案”等表明针对注册会计师审计责任的约定，审计委托方、受托方以及利害相关者与注册会计师之间并没有达成共识。为此，目前环境审计只是将组织一部分环境产权活动纳入到组织的经济活动范畴之中，自然地这些审计规范也就成为环境审计的规范标准被加以继承。然而，源自社会认可的审计职业法规和审计职业道德形成标准化审计责任对组织委托人是不公平的。法律界人士刘燕认为：“在法律界以及公众看来，如果说只要注册会计师的工作满足了审计准则的‘真实性’要求，就不能认为其工作的结果‘虚假’的，其逻辑是很荒唐的”。很明显，会计职业界试图以作为人格底线的道义责任与法律责任取代注册会计师应对社会公众担负的审计责任，这是对审计责任的扭曲。除了“看不见的手”（环境审计市场）外，从环境审计市场的公平交易规则来看，从环境审计的委托、受托的需求双方经济、社会以及环境利益出发，以产权再界定、再保护以及再报告等环境审计产权行为为组织的委托与受托需求双方提供“公正”服务为目标，构建一个新的审计责任约定标准（书），这是本章环境审计质量研究所绕不过的“坎”。

关于对环境审计质量概念的界定，我们先回顾一下审计质量的概念。最先界定审计质量概念的学者是 DeAngelo（1981），他提出审计质量为审计人员在发现客户的会计系统存在舞弊现象时，报告这些舞弊现象的可能性。后来 Watt 和 Zimmerman（1983）从契约的角度界定审计质量。《中国审计大辞典》（1993）将审计质量定义为审计业务工作的优劣程度。审计质量的高低必然决定审计结果优劣，即审计结果对审计方的满足程度。因此，根据上述审计质量的定义和第 4 章对环境审计目标的研究，我们推论出环境审计质量的目的在于满足环境审计报表使用者的需要。针对委托环境审计来说，环境审计质量的目的在于满足环境审计报表使用者——企业环境审计受托方的需要；对于受托环境审计来说，环境审计质量的目的在于满足环境审计报表使用者——环境审计社会委托方与企业环境审计委托方的需要。环境审计本质的独立性以及环境资源产权的共有（公有）属性，决定环境审计主体依据自身所遵循法律法规以及审计职业道德等进行环境审计工作。审计质量包含两方面含义：一是审计执业质量；二是审计执业过程质量。同理可以推论出环境审计质量包括环境审计职业质量与环境审计职业过程质量。

目前环境审计质量是基于"单向三方环境审计关系"下的产物，对此环境审计质量的指标设计相对比较成熟。但根据公司的超契约本质研究环境产权行为下环境审计模式的环境审计主体，构成主体成员的特性决定它本身所具有的特征：代表公有环境产权的政府，其本身具有行政特性决定环境审计主体的行政性特征；代表公共环境产权的社会民众——民间审计人员本身具有独立性决定环境审计主体的独立性特征；代表经济范畴内私有环境产权的公司内部人员具有利己性，这就决定环境审计主体的自利性特征；环境专家的技术性决定环境审计主体的技术性以及环境问题本身复杂性决定环境主体构成具有交叉性特征。因此，基于上述环境审计主体特征，借鉴 Wiseman（1982）等的内容分析法对构建本章环境审计质量指标体系进行分析，并根据环境审计目标指导对环境审计内容进行赋值，计算出每个定性环境审计质量指标得分（ED），然后除以各项满分分值之和，最终计算得出每个定性环境审计质量指标（EDI）作为定性环境审计质量水平的代理变量。

6.3.2 环境审计执业质量指标体系的构建

根据环境审计质量特征与其环境产权的属性可以得出，代表公有环境产权的政府和代表公共环境产权的民众——民间审计主体和代表企业自身利益的内

部审计主体共同构成环境审计主体。它们接受委托对环境审计受托者进行环境产权再界定、再保护以及再报告，为了更好确保环境审计质量，下面针对不同环境审计主体构建环境审计质量指标体系。

（1）政府审计机关环境审计执业质量评价的指标体系。

针对 WGEA 的全球性环境审计调查中关于“环境审计最重要的审计目标是什么”的问卷调查，得出了如表 6.1 所示的具体环境审计目标。我们借此设计如表 6.2 所示政府审计机关的环境审计执业质量评价与环境审计执业过程质量评价的指标体系。

表 6.1　环境审计的审计目标

环境审计的目标	占被调查最高审计机关的百分比（%）	
	2006 年（N = 81）	2009 年（N = 106）
国内环境立法的遵循情况	86	67
国内环境政策的遵循情况	77	54
政府环境项目的绩效	72	57
国际环境协议和条约的遵守情况	46	31
财务报表和开支的公允表达	38	34
政府非环境项目的环境影响	28	6
评价拟实施环境政策和项目环境影响	28	17

表 6.2　政府审计机关环境审计执业质量评价指标体系

	定量指标	定性指标
环境审计执业人员素质	与环境专业相关的执行审计技术人员比例 本科以上审计执业人员比例 5 年以上审计执业人员比例	国内环境立法的遵循情况 国内环境政策的遵循情况 国际环境协议和条约遵守情况 环境审计主体组合的实施情况
环境审计机关的执法力度	排污补偿率	财务报表和开支的公允表达
	政府环境项目的绩效率	评价环境政策和项目环境影响

表 6.2 中定量指标公式如下：

与环境专业相关的执行审计人员比例 = 与环境专业相关的执行审计人员数/国家审计人员总数 ×100%

本科以上审计执业人员比例 = 本科以上审计执业人员数/国家审计人员总

数×100%

5年以上审计执业人员比例 = 工作年限5年以上审计人员数量/国家审计机构审计人员总数×100%

排污补偿率 = 对某企业收取的排污费金额/企业污染对环境的影响×100%

其中，“企业污染对环境的影响”是指企业不同的污染物排放量相对应的环境污染与破坏的损失。污染损失项目包括排放的废气、废水和固体废弃物以及重大环境污染事故和资源消耗失控造成的环境污染与破坏的损失。

政府环境项目的绩效率 = 公司受到环保部门奖励金额与公司价值增值之和/公司环保投资和环境技术开发支持×100%。

（2）民间环境审计执业质量评价的指标体系。

表6.3　　会计师事务所环境审计执业质量评价指标体系

	定量指标	定性指标
审计执业人员素质	无违纪记录注册会计师比例 工作年限5年以上审计执业人员比例 本科以上审计执业人员比例 具有环境专业背景审计技术人员比例	国内环境立法的遵循情况 国内环境政策的遵循情况 国际环境协议和条约遵守情况 环境审计主体组合的实施情况
环境审计执业独立性	会计师事务所主营业务的市场占有率 注册会计师事务所资产规模	财务报表和开支的公允表达 评价环境政策和项目环境影响 会计师事务所遭到中注协处罚次数

表6.3中定量指标公式如下：

无违纪记录注册会计师比例 = ［1 -（有违纪记录的注册会计师人数/会计师事务所注册总人数）］×100%

本科以上审计执业人员比例 = 本科以上审计执业人员数/会计师事务所审计人员总数×100%

5年以上审计执业人员比例 = 工作年限5年以上审计人员数量/会计师事务所审计人员总数×100%

具有环境专业背景审计技术人员比例 = 具有环境专业背景审计技术人员数/会计师事务所审计总人数×100%

会计师事务所主营业务的市场占有率 = 某会计师事务所年度主营业务总收入/会计师事务所行业总主营业务收入 ×100%

注册会计师事务所资产规模 = ln（每年总资产平均额）

（3）企业内部环境审计执业质量评价的指标体系。

表 6.4　　企业内部环境审计执业质量评价指标体系

	定量指标	定性指标
审计执业人员素质	5 年以上内部审计执业人员比例 本科以上内部审计执业人员比例 具有环境专业背景内部审计人员比例 有环境专业技术非职业审计人员比例	国内环境立法的遵循情况 国内环境政策的遵循情况 国际环境协议和条约遵守情况 环境审计主体组合实施情况 评价环境政策和项目环境影响

表 6.4 中定量指标公式如下：

5 年以上内审计执业人员比例 = 工作年限 5 年以上内部审计人员数量/内部审计机构审计人员总数 ×100%

本科以上内审计执业人员比例 = 本科以上内部审计执业人员数/内部审计机构审计人员总数 ×100%

具有环境专业背景内部审计人员比例 = 具有环境专业背景审计技术人员数/内部审计机构审计总人数 ×100%

具有环境专业技术非职业审计人员比例 = 具有环境专业技术非职业审计人员数/内部审计机构审计总人数 ×100%

对于上述环境审计主体由国家审计主体、民间审计主体和企业内部审计主体共同组建，他们一起执行环境审计业务。无论是政府环境审计、民间或社会环境审计或是内部环境审计，他们都是在立项、准备、实施以及后续阶段过程中完成环境审计，不同环境审计主体对执业过程质量的要求差别不大，因此在环境审计执业过程质量的评价没有区分上述不同的环境审计主体，这也是构建本章环境审计模式的环境审计主体的理由。下面研究环境审计执业过程质量评价指标体系的构建。

6.3.3　环境审计执业过程质量指标体系的构建

根据环境审计执业过程，构建环境审计执业过程质量指标体系，从环境审计档案规范性评价、对环境审计程序适当性评价以及对环境审计报告可靠性评价三个方面着手。

（1）环境审计档案规范性的评价指标体系构建（见表6.5）。

表6.5　　　　环境审计档案规范性的评价指标体系

指标分类	定量指标及公式
环境审计档案的完整性	环境审计档案的归档率＝已归档的环境审计档案件数/应归档的环境审计档案件数×100%
环境审计档案内容的覆盖性	环境审计档案内容的覆盖率＝环境审计档案中已包括要素/环境审计档案中应包括要素×100%
环境审计工作底稿的正确性	环境审计工作底稿正确率＝［1－（有问题的环境审计工作底稿数量/被抽查的环境审计工作底稿数量）］×100%

其中，应归档的环境审计档案至少应包括：环境审计业务委托书、环境审计审前调查计划（政府审计特有）、环境审计通知书送达回证、被审计单位承诺书（政府审计和社会审计特有）、环境审计实施方案、档案交接清单、环境专业测试人员出具的试验报告、环境审计工作底稿、环境审计征求意见稿以及环境审计报告正式稿。

环境审计档案中的要素至少应包括：环境审计业务委托书、环境审计审前调查计划、环境审计实施方案。本章论述环境审计档案内容与目前环境审计档案内有存在一些差异，但在实际环境审计业务的契约中基本上包含了本章再造环境审计模式的基本内容，所以不影响本章实证检验的正确性，对于这些要素所包含的具体内容，目前环境审计业务中已经做了详细规定，这里不做赘述。

（2）环境审计程序适当性的评价指标。

环境审计程序适当性只能作为环境审计过程质量评价的辅助性指标，只要在环境审计报告信息没有失实的情况下，环境审计程序存在一定的不适当性不会影响该环境审计报告的可靠性结论。正因为如此，我们只做形式上的评价，本书采用Kouaib和Jarboui（2011）的指标如下：

环境审计程序的完整率＝已实施的环境审计作业环节数量/全部环境审计作业环节数量×100%

其中，本书环境审计作业环节在目前环境审计作业环节上，增加签订环境审计主体构建协议这一环境，针对本章环境审计模式下所要求的环境审计作业

环节与目前环境审计作业环节在形式相同，在内容上存在较大差异，但这并不影响只做形式上的评价。

（3）环境审计报告可靠性的评价指标。

关于环境审计报告可靠性的评价标准，本书借鉴冯均科（2002）评价环境审计报告可靠性标准方法，当环境审计查证金额超过投入环保资金总额的1%时就可以认为该环境审计报告提供的环境信息存在着某种程度的扭曲，可以将查出错弊金额超过环保资金总额1%的差额与环境保护项目投入资金的总额比值作为评断环境审计报告信息是否失实的指标。

环境审计报告信息扭曲度＝查出错弊金额－环境保护项目投入资金总额×1%/环境保护项目投入资金的总额×100%

因此，针对上述关于环境审计执业质量与环境审计执业过程质量评价指标赋值方法，本书参考《环境信息公开办法（试行）》（2007）和《上海证券交易所上市公司环境信息披露指引》（2008）所规定的环境信息披露内容，借鉴Wiseman（1982）等的内容分析法对环境审计执业质量评价定性指标赋值（赋值的方法为：定量指标3分，具体的定性指标2分，一般描述1分，不能描述0分）。其中环境审计执业质量与环境审计执业过程质量评价指标的权重采用专家打分法来确定（见表6.6～表6.9所示）。

表6.6　政府审计机关环境审计执业质量评价指标体系权重分配及其定性指标赋值

	定量指标（70%）	定性指标（30%）
环境审计执业人员素质	与环境专业相关的执行审计技术人员比例（20%） 本科以上审计执业人员比例（15%） 工作年限5年以上审计执业人员比例（15%）	国内环境立法的遵循情况［1］（10%） 国内环境政策的遵循情况［2］（10%） 国际环境协议和条约的遵守情况［2］（10%） 环境审计主体组合的实施情况［2］（20%） 财务报表和开支的公允表达［3］（30%）
环境审计机关的执法力度	排污补偿率（20%） 政府环境项目的绩效率（30%）	评价环境政策和项目的环境影响［2］（20%）

注：［］中的数值是借鉴Wiseman（1982）等的内容分析法对定性指标所赋予标准值。（）中的百分数是采用菲德尔法获得权重数。下表相同。

表 6.7　会计师事务所环境审计执业质量评价指标体系权重分配及其定性指标赋值

	定量指标（70%）	定性指标（30%）
审计执业人员素质	无违纪记录注册会计师比例（10%） 工作年限 5 年以上审计执业人员比例（15%） 本科以上审计执业人员比例（10%） 具有环境专业背景审计技术人员比例（20%）	国内环境立法的遵循情况［1］（10%） 国内环境政策的遵循情况［2］（10%） 国际环境协议和条约遵守情况［2］（10%） 环境审计主体组合的实施情况［2］（10%） 财务报表和开支的公允表达［3］（30%） 评价环境政策和项目环境影响［2］（20%）
环境审计执业独立性	会计师事务所主营业务的市场占有率（30%） 注册会计师事务所资产规模（15%）	会计师事务所遭到中注协处罚次数［3］（10%）

表 6.8　企业内部环境审计执业质量评价指标体系权重分配及其定性指标赋值

	定量指标（70%）	定性指标（30%）
审计执业人员素质	工作年限 5 年以上内审计执业人员比例（30%） 本科以上内审计执业人员比例（15%） 具有环境专业背景内部审计人员比例（25%） 具有环境专业技术非职业审计人员比例（30%）	国内环境立法的遵循情况［1］（15%） 国内环境政策的遵循情况［2］（15%） 国际环境协议和条约的遵守情况［2］（10%） 环境审计主体组合的实施情况［2］（30%） 评价环境政策和项目的环境影响［2］（30%）

表 6.9　环境审计执业过程质量指标体系权重分配表

环境审计程序适当性的评价指标（20%）	环境审计档案规范性的指标（20%）	环境审计报告可靠性的评价指标（60%）
环境审计程序的完整率（20%）	环境审计档案的归档率（15%） 环境审计档案内容的覆盖率（25%） 环境审计工作底稿正确率（60%）	环境审计报告信息扭曲度（60%）

其中环境审计执业质量定性指标指数的计算公式为 $EDI_i = \sum_{j=1}^{n} ED_{ij}/m$ ，ED

为每个环境审计执业质量定性指标得分。其中当 $i = 1$ 时，它代表政府审计机关环境审计执业质量评价定性指标指数，此时 $m = 12, n = 6$；当 $i = 2$ 时，它代表会计师事务所环境审计执业质量评价定性指标指数，此时 $m = 15, n = 7$；当 $i = 3$ 时，它代表企业内部环境审计执业质量评价定性指标指数，此时 $m = 9, n = 5$。

环境审计执业质量定量指标的计算公式为 $conaud_i = \sum_{j=1}^{k} rat_{ij} \cdot w_{ij}$，$rat$ 为每个环境审计执业质量定量指标，w 为每个环境审计执业质量定量指标权重。其中当 $i = 1$ 时，它代表政府审计机关环境审计执业质量评价定量指标，此时 $k = 5$；当 $i = 2$ 时，它代表会计师事务所环境审计执业质量评价定量指标，此时 $k = 6$；当 $i = 3$ 时，它代表企业内部环境审计执业质量评价定量指标，此时 $k = 4$。

环境审计执业过程质量综合指标公式（$goaud$）=环境审计程序的完整率×20%+环境审计报告信息扭曲度×60%+（环境审计档案的归档率×15%+环境审计档案内容的覆盖率×25%+环境审计工作底稿正确率×60%）×20%。

综合上述计算公式，可以得出被解释变量：环境审计质量变量（$cgaud$），它的计算公式如下：

$$cgaud = (70\% \times conaud_i + 30\% \times EDI_i) + goaud$$

6.3.4 权益资本成本

本章采用剩余收益折现模型来估计权益资本成本。该模型设定投资者未来现金流的现值等于当前价格的贴现值。因此，该模型不需要事先考虑风险载荷和风险溢价，也不需要假定事后收益率是事前收益率的无偏估计。相比传统市场风险定价模型的估计方法，该方法更简单实用。这种优点也常常被中国学者的实证研究所采用。具体计算公式如下：

$$val_t = b_t + \frac{froe_{t+1} - r_e}{(1 + r_e)} b_t + \frac{froe_{t+2} - r_e}{(1 + r_e)^2} b_{t+1} + \frac{froe_{t+3} - r_e}{(1 + r_e)^3} b_{t+2} + tv \quad (6.1)$$

$$tv = \sum_{i=4}^{11} \frac{froe_{t+i+1} - r_e}{(1 + r_e)^i} b_{t+i} + \frac{froe_{t+12} - r_e}{r_e (1 + r_e)^i} b_{t+11} \quad (6.2)$$

$$b_{t+i} = b_{t+i-1} + (1 - g) \times eps_{me} \quad (6.3)$$

其中：val_t 为股权再融资的潜在价格，本书采用上年度末收盘价进行计算。b_t 为第 t 期的每股净资产，等于第 t 期末每股净资产加第 t 期末每股股利减去 t 期每股收益。$froe$ 为分析师预测的净资产收益率，本章采用它的平均数。tv 为终值的现值，Gebhardt 等（2001）认为，该模型预测区间不应该少于 12 期，鉴于我国证券市场处于弱势强度，本章采用最短期间 12 期进行预测。eps_{me} 是公司自上市以来历年 eps 的中位数，g 为股利支付率，以公司历年股利支付率中位数计算。鉴于高阶方程求解的困难，本章采用 SAS 软件中的牛顿迭代法计算，并把估计误差控制在 10^{-4} 之内。当然，在实证检验过程中我们要剔除无最优解或估计异常样本。

关于国内外已有的有关研究权益资本成本，他们所采取的控制变量为：公司规模、市场流动性、财务风险、盈利能力、成长性、经营风险和流动性等特征指标。

6.3.5 环境绩效

由于我国没有类似于 CEP（corporate environment performance）的环境绩效评分指数，也没有像美国 TRI 数据库那样的具体污染排放数据来度量公司的环境绩效。因此，本章采用公司环境违规违纪程度来赋予数值来定义解释变量环境绩效（ cep ）的大小（环境影响可能周期长，短期内并没有显现）：①对没有受到环境处罚的公司赋予环境绩效值为 3；②对因环境违规违纪受到罚款或投诉的公司赋予环境绩效值为 2；③对因环境违规而受到停产整顿的公司赋予环境绩效值为 1。关于对环境绩效检验所采取控制变量为：公司规模、产业、地域①、公司的环境战略、股权结构中国有股的比例。

6.3.6 管理层薪酬变化率与高管非自愿更换率

国外关于管理者薪酬变化的动因研究有如下几种：乌比冈湖效应（Lake Wobegon Effect）、管理者的激励效益、管理者的权力效益，无论是哪一种效

① 依据经济发展水平和行政级别将公司注册地域划分为四类：第一类是注册地在经济发达地区省会城市的公司，赋值为 1；第二类是注册地在其他地区省会城市的公司，赋值为 2；第三类是注册地在经济发达地区地级及以下地区的公司，赋值为 3；第四类是注册地在经济欠发达地区地级及以下的公司，赋值为 4。

应，它们都要承担企业社会环境责任，一个企业经营如果不能被社会所认可，这样的企业很快将会被市场所淘汰，作为企业管理者的薪酬变化也要体现出他们对社会环境责任负责程度。关于解释变量管理层薪酬变化的控制变量为：大股东持股比例的变化、会计业绩变化、负债比率变化、成长性变化、公司规模变化等。之所以采用这些控制变量是因为它们对公司管理者的薪酬有显著影响。关于高管非自愿更换关于解释变量管理者薪酬变化公司 $wat_t = (wage_t - wage_{t-1})/wage_{t-1}$，即公司当年的管理层薪酬减去公司上一年的管理层薪酬差额除以公司上一年的管理层薪酬率（$grat$）解释变量计算方法，本章借鉴 Meng X.，Zeng S.，Tam C. 等（2013）的高管非自愿更换率变量处理方法，因解决环保问题而变更企业高管人数除以公司高管总变更人数，由于高管变更率必然在高管的薪酬变化上得以体现，所以它的控制变量将沿用管理层薪酬变化的控制变量。

因此，基于对上述变量的分析，得出委托环境审计模式与受托环境审计模式检验的变量集中量表，如表 6.10、表 6.11 所示。

表 6.10　　受托环境审计模式检验的变量表

变量名称	变量指标	计算方法
环境审计质量	$cgaud$	$cgaud = (70\% \times conaud_i + 30\% \times EDI_i) + goaud$
权益资本成本	val	具体计算见文中公式（1）公司（2）以及公司（3）
环境绩效	cep	$cep = 3$ or $cep = 2$ or $cep = 1$（具体含义见上文）
市场波动	β	β 系数 = 前 100 周各股票日数据回归系数
公司规模	$\ln(siz)$	上期末总资产的自然对数
财务风险	lev	财务杠杆 = 负债总额/资产总额
盈利能力	roa	净总资产收益率 = 利润/期初期末平均总资产
成长性	$grow$	营业收入增长率
流动性	liu	换手率 = 年交易股数/期初期末平均流通股股数

续表

变量名称	变量指标	计算方法
地域	*fic*	$fic = 4\ or \quad fic = 3\ or \quad fic = 2\ or \quad fic = 1$
公司环境战略	*sys*	对公司获得 ISO14001 认证赋值为 1，否则为 0
股权结构	*gup*	国有股份所占比例

注：$fic = 4\ or \quad fic = 3\ or \quad fic = 2\ or \quad fic = 1$（具体含义见脚注）。

表 6.11　　委托环境审计模式检验的变量表

变量名称	变量指标	计算方法
环境审计质量	*cgaud*	$cgaud = (70\% \times conaud_i + 30\% \times EDI_i) + goaud$
管理层薪酬变化率	*wat*	$wat_t = (wage_t - wage_{t-1})/wage_{t-1}$
高管非自愿更换率	*grat*	因解决环保问题而变更公司高管人数/公司高管总变更人数
大股东持股比例变化	*Topsh*	第一大股东持股比例在相邻年末之差
会计业绩变化	ΔRoa	当年与上一年的净利润/年末总资产之差
负债比率变化	Δ*bet*	当年与上一年的年末总负债/年末总资产之差
成长性变化	ΔGrowth	当年与上一年主营收入变化/上一年主营收入
公司规模变化	ΔSize	当年与上一年的年末总资产的自然对数之差

6.3.7 模型的设计

根据假设 H_1、假设 H_2，我们通过散点图的最优拟合，选择多元线性回归模型，设定受托环境审计模型检验的模型如下：

模型一：$cgaud_t = \alpha_0 + \alpha_1 val_{t-1} + \alpha_2 \beta_{t-1} + \alpha_3 \ln(siz)_{t-1} + \alpha_4 lev_{t-1} + \alpha_5 roa_{t-1} + \alpha_6 grow_{t-1} + \alpha_7 liu_{t-1} + \varepsilon$

模型二：$cgaud_t = \alpha_0 + \alpha_1 cep_{t-1} + \alpha_2 fic_{t-1} + \alpha_3 sys_{t-1} + \alpha_4 gup_{t-1} + \varepsilon$

根据假设 L_1、假设 L_2，也通过散点图的最佳拟合，仍选择多元线性回归模型，设定委托环境审计模式检验的模型如下：

模型三：$cgaud_t = \delta_0 + \delta_1 wat_{t-1} + \delta_2 Topsh_{t-1} + \delta_3 \Delta Roa_{t-1} + \delta_4 \Delta bet_{t-1} + \delta_5 \Delta Growth_{t-1} + \delta_6 \Delta Siz_{t-1} + e$

模型四：$cgaud_t = \delta_0 + \delta_1 grat_{t-1} + \delta_2 Topsh_{t-1} + \delta_3 \Delta Roa_{t-1} + \delta_4 \Delta bet_{t-1} +$

$$\delta_5 \Delta Growth_{t-1} + \delta_6 \Delta Siz_{t-1} + e$$

鉴于环境对企业影响存在一定潜伏期，上述模型中的解释变量、控制变量与被解释变量之间的数据关系存在时滞，同时考虑到中国很多环境数据没有完全公开以及还没有比较完整地数据库，本章在对以上变量数据选取时只考虑了滞后一期的情况，这样也可避免变量内生性问题。

6.4 样本选择与数据来源

我国现有的13份环境审计结果公告涉及三大主题事项，包括水、自然资源和节能减排，分别占环境审计结果公告总数的54%、23%和23%。同时本书按照证监会2001年发布的《上市公司行业分类指引》，从环保部门2008年公布的《上市公司环保核查行业分类管理名录》（环办函〔2008〕373号）中规定的8个重污染行业：采掘业、水电煤业、纺织服装皮毛业、金属非金属业、石化塑胶业、食品饮料业、生物医药业和造纸印刷业中，选择生物医药业、水电煤业、造纸印刷业、采掘业、石化塑胶业5个重污染行业作为本书研究的样本行业，选取2009~2012年上海和深圳证券市场5个重污染行业的A股上市公司作为样本。由于中国环境保护机构没有公开的环境违规数据库，关于环境绩效样本中公司环境违法违规数据均从互联网上搜索得到，关于环境审计质量中的定性指标数据来源于南京市会计师事务所以及南京市各区县环保部门的问卷调查（问卷样式见附录）。2009年问卷调查共发放到104个单位，收到答卷58份，回复率刚过50%，到2012年问卷回复率提升至77%。问卷回收率提高的根本原因是政府对环保工作落实到位以及社会对环保重视的结果。关于环境战略变量指标样本数据，本书采取公司是否获得ISO14001环境管理认证作为公司环境战略的代理变量，相关数据来自会计报告附注报告以及环境保护部门相关数据，主要是通过手工整理而得。关于控制变量区域变量数据，采取公司注册地，按照经济发展水平和行政级别进行手工整理数据，其中赋值方法见前文的脚注。关于采用剩余收益折现模型计算2009~2012年样本公司权益资本成本的样本公司，剔除了权益资本成本数据不全的样本后，最后共获得332家样本数据。其他的市场交易数据和定量数据来源于CSMAR和WIND数据库。为了消除极端值的影响，本章对获得的样本数据分别按照1%和99%分位进行了Winsorize缩尾处理。

附录 环境审计执业质量定性评价指标体系权重分配问卷调查（委托方、受托方）

定性指标分类	定性指标	专家权重分配
政府审计机关环境审计执业质量定性评价指标体系权重分配	国内环境立法的遵循情况	
	国内环境政策的遵循情况	
	国际环境协议和条约的遵守情况	
	环境审计主体组合的实施情况	
	财务报表和开支的公允表达	
	评价环境政策和项目的环境影响	
会计师事务所环境审计执业质量定性评价指标体系权重分配表	国内环境立法的遵循情况	
	国内环境政策的遵循情况	
	国际环境协议和条约的遵守情况	
	环境审计主体组合的实施情况	
	财务报表和开支的公允表达	
	评价环境政策和项目的环境影响	
	会计事务所遭到中注协处罚次数	
企业内部环境审计执业质量定性评价指标体系权重分配表	国内环境立法的遵循情况	
	国内环境政策的遵循情况	
	国际环境协议和条约的遵守情况	
	环境审计主体组合的实施情况	
	评价环境政策和项目的环境影响	
环境审计执业过程质量指标体系权重分配表	环境审计程序适当性的评价指标	
	环境审计档案规范性的指标	
	环境审计报告可靠性的评价指标	
环境审计档案规范性的指标	环境审计档案的归档率	
	环境审计档案内容的覆盖率	
	环境审计工作底稿正确率	

注：专家依据2009－2012年期间的生物医药业、造纸印刷业、水电煤业、采掘业、石化塑胶业的5个重污染行业上市公司环境审计质量的定性指标分类均按照100分对各个分类所细分环境审计质量指标打分，最后取每个细分环境审计质量指标平均值作为本文计算环境审计质量高低的标准。其中，问卷调查对象为组织委托方（具有所有权）、组织受托方（具有经营权或管理权）。

6.5 统计分析

6.5.1 描述性统计分析

从表 6.12 中可以看出，被解释变量环境审计质量最小值为 0.3472、最大值为 0.7921、均值为 0.3923。作为假设 1 的解释变量权益资本成本均值 0.0512 位于最小值 0.0401 和最大值 0.3111 之间，其中众数偏向最小值一方。作为假设 H_2 的解释变量环境绩效，其最小值为 1.0000，最大值 3.0000，均值为 1.7415，显然众数偏向最小值一方。其他控制变量描述情况不做赘述。

表 6.12　　检验受托环境审计模式变量描述性统计

变量	观察值	最小值	最大值	均值	标准差
cgaud	332	0. 3472	0. 7921	0. 3923	0. 1370
val	332	0. 0401	0. 3111	0. 0512	0. 0842
cep	332	1. 0000	3. 0000	1. 7415	9. 3262
β	332	0. 0013	0. 0542	0. 0213	2. 3425
ln(*siz*)	332	19. 6097	27. 4943	22. 0113	1. 3701
lev	332	0. 064 6	1. 263 4	0. 521 1	0. 214 2
roa	332	-0. 1928	0. 2294	0. 0319	0. 0684
grow	332	0. 4763	7. 7695	1. 8193	1. 0775
liu	332	1. 3984	21. 2012	7. 4312	3. 9474
fic	332	1. 0000	4. 0000	2. 8913	10. 3065
sys	332	0. 0000	1. 0000	0. 7216	3. 0547
gup	332	0. 1203	0. 7231	0. 3129	0. 1478

表 6.13　　检验委托环境审计模式变量描述性统计

变量	观察值	最小值	最大值	均值	标准差
cgaud	332	0. 3472	0. 7921	0. 3923	0. 1370
wat	332	-0. 9249	19. 8714	0. 3391	0. 9248

续表

变量	观察值	最小值	最大值	均值	标准差
grat	332	0. 0000	4. 0000	0. 1802	11. 0032
Topsh	332	0. 0824	0. 8486	0. 4113	0. 1631
ΔRoa	332	-0. 4992	0. 4637	-0. 0321	0. 0626
Δ*bet*	332	-0. 4629	0. 5845	0. 0257	0. 0849
ΔGrowth	332	-2. 9197	2. 9025	-0. 0189	0. 5174
ΔSize	332	-1. 5429	1. 4085	0. 0977	0. 2038

从表 6. 13 中可以看出，被解释变量环境审计质量的描述同表 6. 12 所示。作为假设 H_2 的解释变量管理层薪酬变化率均值 0. 3391，它位于最小值 -0. 9249 和最大值 19. 8714 之间，其众数较多偏向最大值一方；解释变量高管非自愿更换率的最小值为 0. 0000、最大值为 4. 0000、均值为 0. 1802，显然，其众数较多偏小最小值一方。其他控制变量不做赘述。

6. 5. 2 单变量分析

为了检验受托环境审计模式各个变量之间是否存在重叠性、是否存在多重共线性问题，本书做出单变量的相关性分析，这只是揭示变量两两之间在统计上的相关关系，为后文多变量分析提供参考。表 6. 14 列示了检验受托环境审计模式中的模型各个变量间的 Spearman 系数和 Pearson 系数。可以发现，表中各个变量之间的相关系数基本上都在 0. 5 以下，且统计检验也发现各变量的 VIF 和条件指数都在可接受范围内（VIF < 3，INDEX < 30），显然，受托环境审计模式各个变量之间没有重叠性，不存在多重共线性问题。

为了检验委托环境审计模式各个变量之间是否存在重叠性、是否存在多重共线性问题，本书做出单变量的相关性分析，这只是揭示变量两两之间在统计上的相关关系，为后文多变量分析提供参考。表 6. 15 列示了检验委托环境审计模式中的模型各个变量间的 Spearman 系数和 Pearson 系数。可以发现，表中各个变量之间的相关系数基本上都在 0. 5 以下，且统计检验也发现各变量的 VIF 和条件指数都在可接受范围内（VIF < 3，INDEX < 30），显然，委托环境审计模式各个变量之间同样没有重叠性，也不存在多重共线性问题。

表 6.14 检验受托环境审计模式变量相关系数

	cgaud	*val*	*cep*	β	ln(*siz*)	*lev*	*roa*	*grow*	*liu*	*fic*	*sys*	*gup*
cgaud	1	-0.12**	0.31***	0.05	-0.30***	-0.05	-0.02	-0.01	-0.03	-0.01	0.04	-0.01
val	-0.16	1	-0.26**	0.03	0.34*	-0.31	-0.41	0.21	0.02	0.00	0.26	0.28
cep	0.44**	0.23**	1	0.17	0.38**	-0.08	-0.11	0.40	0.31	0.09	0.41	0.33
β	0.03	0.05	0.21	1	-0.21	0.27*	0.35	-0.06	-0.23	-0.02	0.00	0.26
ln(*siz*)	-0.41**	0.27*	0.29**	-0.01	1	0.18	0.12	0.05	-0.13	0.24	0.38*	-0.09
lev	-0.03	-0.26	-0.09	0.33*	0.23	1	0.12*	-0.03	-0.18	-0.03	0.32	-0.34*
roa	-0.01	-0.38	-0.03	-0.09	0.25	0.15	1	0.38***	0.14	0.23	0.03	0.33
grow	-0.03	0.31	0.09	-0.04	0.12	-0.11	0.44***	1	0.22	0.07	0.02	0.21
liu	-0.11	0.03	0.04	-0.17	-0.15	-0.33	0.17	0.19	1	0.01	-0.32	-0.22*
fic	-0.09	0.01	0.12	-0.11	0.32	-0.27	0.33	0.14	0.17	1	0.12	0.07

续表

	cgaud	*val*	*cep*	β	ln(*siz*)	*lev*	*roa*	*grow*	*liu*	*fic*	*sys*	*gup*
sys	0.21	0.31	0.38	0.02	0.41**	0.36	0.21	0.11	0.22	0.03	1	0.00
gup	-0.21	0.31	0.34	0.28	-0.12	-0.42**	0.12	0.33	-0.36*	0.29	0.02	1

注：(1)表中左下半部分为 Spearman 系数，右上半部分为 Pearson 系数。

(2)*、**、*** 分别表示变量间在 10%、5%、1% 的显著性水平上显著相关(双尾检验)，下同。

表 6.15　检验委托环境审计模式变量相关系数

	cgaud	*wat*	*grat*	*Topsh*	ΔRoa	Δ*bet*	ΔGrowth	ΔSize
cgaud	1	0.32**	-0.43***	-0.12	0.03	-0.09	0.33	0.36**
wat	0.41**	1	0.19	-0.09	-0.32	-0.12	0.28	-0.01
grat	-0.38***	0.21	1	-0.03	-0.04	-0.03	-0.11	0.00
Topsh	-0.18	-0.32	-0.21	1	0.19	0.02	0.21	0.38
ΔRoa	0.28	-0.19	-0.37	0.26	1	0.01	-0.03	0.41
Δ*bet*	-0.12	-0.23	-0.09	0.03	0.02	1	0.16	0.27
Δ*Growth*	0.41	0.31	-0.18	0.39	-0.11	0.26	1	0.42
Δ*Size*	0.28***	-0.25	0.01	0.44	0.39	0.34	0.38	1

6.5.3 回归分析

本章首先采用2009~2012年生物医药业、造纸印刷业、水电煤业、采掘业、石化塑胶业5个重污染行业上市公司的面板数据进行回归，检验受托环境审计模式的假设H_1、假设H_2，表6.16报告了环境审计质量高低与权益资本成本、环境绩效大小之间关系的全样本面板数据检验结果。无论是OLS回归还是TSLS回归，环境审计质量高低与权益资本成本之间均呈显著负相关，回归系数分别为-0.0453、-4.7803，它们均得到了1%的显著水平。因此，假设H_1得到检验。这说明环境审计委托方消费环境审计方服务满足自己的利益最大化——极力降低权益资本成本；对于OLS回归、TSLS回归分析，环境审计质量与环境绩效之间呈显著正相关，回归系数分别为0.1459、5.0987，它们也均达到了1%的显著水平。因此，假设H_2得到检验。这说明环境审计委托方消费环境审计方服务满足自己的利益最大化——极力承担环境社会责任，提高环境绩效。

综合上述实证检验的结果，整篇文章从环境审计本质作为再造环境审计模式的逻辑起点所构建受托环境审计模式的理论得以检验。

关于委托环境审计模式的回归检验，从表6.17可以看出，无论是OLS回归还是TSLS回归，都能得出环境审计质量高低与管理层薪酬变化率、高管非自愿更换率之间关系的全样本面板数据检验结果。无论是OLS回归还是TSLS回归，环境审计质量高低与管理层薪酬变化率之间均呈显著正相关，回归系数分别为0.5413、7.2459，它们均得到了1%的显著水平。因此，假设L_1得到检验。这说明环境审计受托方消费环境审计方服务满足自己的利益最大化——管理层工薪得到急速增长，也就是环境审计受托方委托环境审计方来维护自身利益，即自身价值要得到委托方尽可能认可，直至受托方所创造价值得以全部兑现；环境审计质量高低与高管非自愿更换率之间显著负相关，回归系数分别为-0.2413、-8.2959,它们均得到了1%的显著水平。因此，假设L_2得到检验。这说明环境审计受托方消费环境审计方服务满足自己的利益最大化——极力维护高管自身合法权益，高质量环境审计监督促使高管违规的行为得到尽可能约束。

综合上述实证检验的结果，从环境审计本质作为再造环境审计模式的逻辑起点构建委托环境审计模式的理论得以检验。

表 6.16 受托环境审计模式的回归检验

分类	模型一		分类	模型二	
变量	OLS 回归	TSLS 回归	变量	OLS 回归	TSLS 回归
con	0.0126 (0.2165)	−78.4532*** (−8.0981)	*con*	1.0213 (0.5209)	−54.1098*** (−7.6651)
val	−0.0453*** (3.7892)	−4.7803*** (12.6531)	*cep*	0.1459*** (3.9867)	5.0987*** (14.9851)
β	0.0214*** (2.4723)	0.0189*** (2.2978)	*fic*	−0.0493 (−0.6128)	0.3261*** (6.4532)
ln(*siz*)	−0.0041 (−1.2301)	3.7692*** (10.0981)	*sys*	2.6543*** (3.9781)	4.2098*** (6.8891)
lev	0.0752*** (4.3425)	0.0403*** (2.8871)	*gup*	0.136* (2.1242)	0.5829*** (2.7613)
roa	0.6782*** (4.8702)	6.0913*** (10.6327)	*F* 值	32.0972***	56.0925***
grow	0.0234 (1.0983)	2.1125*** (2.3126)	调整 R^2	0.3324	0.4504
liu	0.0014 (0.6652)	−0.0004 (−0.1907)	*N*	332	332
F 值	34.8982***	51.0981***			
调整 R^2	0.3217	0.4351			
N	332	332			

表 6.17　委托环境审计模式的回归检验

分类	模型一		分类	模型二	
变量	OLS 回归	TSLS 回归	变量	OLS 回归	TSLS 回归
con	13. 0981 *** (66. 127)	25. 6571 *** (34. 1254)	*con*	8. 0941 *** (66. 127)	15. 0571 *** (24. 7254)
wat	0. 5413 *** (5. 4298)	7. 2459 *** (6. 0927)	*grat*	-0. 2413 *** (3. 4298)	-8. 2959 *** (6. 1957)
Topsh	(5. 4298) 0. 1298 *	(6. 0927) 4. 0782 ***	*Topsh*	(3. 4298) 0. 2208 *	(6. 1957) 7. 1782 ***
ΔRoa	(1. 7741) 0. 1523 ***	(3. 8791) 7. 0928 ***	ΔRoa	(1. 7783) 0. 4503 *	(3. 9491) 9. 1948 ***
Δbet	(2. 1162) 0. 1396 *	(5. 3627) 8. 0912 ***	Δbet	(1. 7562) 0. 6306 ***	(3. 9627) 14. 3212 ***
$\Delta Growth$	(1. 8198) 0. 0085	(4. 9013) 2. 4518 **	$\Delta Growth$	(2. 4198) 0. 1045	(8. 9313) 5. 3518 ***
$\Delta Size$	0. 0085 (0. 9768)	2. 4518 *** (2. 4321)	$\Delta Size$	0. 1045 (0. 8765)	5. 3518 *** (2. 4321)
F 值	0. 1085 (0. 8568)	4. 6518 *** (2. 3351)	*F* 值	0. 1091 (0. 8466)	3. 6018 *** (2. 1351)
调整 R^2	10. 5213 ***	25. 2019 ***	调整 R^2	14. 7283 ***	27. 8079 ***
N	0. 0543 332	0. 1261 332	*N*	0. 0543 332	0. 2067 332

6.5.4 稳健性检验

为了检验上述结论的可靠性，我们通过以下方式进行了稳健性检验：①本书同时采用普通最小二乘法和联立模型组方法（三阶段最小二乘法）对模型一、模型二、模型三以及模型四进行回归分析，并采用 Hausman 检验对模型一、模型二、模型三以及模型四中各个变量的内生性问题进行验证，并以验证结果为依据确定最终进行分析的模型回归方法。如果模型不存在内生性问题，就采用普通最小二乘法的回归结果；如果存在内生性问题，则采用三阶段最小二乘法的回归结果。经过检验它们均不存在变量内生问题，因此本书采取了 OLS 回归和 TSLS 回归。②为克服模型一、模型二、模型三以及模型四估算环境审计质量高低的误差对检验结果的影响，本书按照生物医药业、造纸印刷业、水电煤业、采掘业、石化塑胶业 5 个重污染行业上市公司的面板数据进一步分组，并按模型一、模型二、模型三的残差大小分成三组，对全样本和分组样本重新进行回归，实证结果与前文的结果无实质性差异。③用 Tobin'Q 替换营业收入增长率反映公司的成长机会，做上述变换后我们重新检验发现所得结果与前文的估计基本一致。以上检验均侧面佐证了前文结论的稳健性，限于篇幅，未予列示。

6.6 本章小结

本章在前文所论述的环境审计目标指导下，结合再造环境审计特征与功能，对检验委托环境审计模式与受托环境审计模式的共同环境审计方所提供环境审计服务的被解释变量环境审计质量进行定量与定性分析。对于环境审计质量定性指标采用菲德尔法进行评价，对于环境审计质量定量指标分析基于生物医药业、造纸印刷业、水电煤业、采掘业、石化塑胶业 5 个重污染行业上市公司财务报告。相对于环境审计质量定性指标来说，环境审计质量定量指标客观程度相对较高，这主要体现在计算环境审计质量高低综合指标中环境审计质量定量指标所占比重为 70%。区分检验委托环境审计模式的解释变量与受托环境审计模式的解释变量，主要基于环境审计服务需求者的角度。对受托环境审计模式的环境审计服务需求者来说，环境审计委托方通过委托环境审计方来维护自身利益。因此本章选择股东权益成本代表环境审计委托方自身私有利益，

选择环境绩效。代表环境审计委托方承担环境责任的共有利益。对于委托环境审计模式的环境审计服务需求者来说，环境审计受托方通过委托环境审计方维护自身利益。因此本章选择管理层薪酬变化率、高管非自愿更换率代表环境审计受托方的自身私有利益。对于环境责任，环境审计委托方通过委托代理契约“嵌入”环境审计受托方，以激励薪酬方式附加到环境审计受托方，也就是说管理层薪酬变化率、高管非自愿更换率的解释变量已经包含了环境共有产权和私有产权的内涵。本章采用 OLS 回归与 TSLS 回归以环境审计本质为逻辑起点，且通过环境产权行为在超契约范围内形成委托环境审计模式假设与受托环境审计模式假设进行检验，实证论证了本章再造环境审计模式的科学性、合理性。

尽管本章对前文所设计的新环境审计模式做了检验，但其环境审计模式能否应用于知识经济时代瞬息万变的环境审计市场之中，尚需要对前文所设计新的环境审计模式在战略环境审计领域应用做一些前瞻性探索。根据第 4 章环境审计本质理论解析所得出的结论，超然独立的环境审计立场保证一方面需要保持环境审计主体在精神上“超然独立”的审计准则及其相关法律法规；另一方面需要保证环境审计主体获得公平服务价值。只有在利益上认可环境审计主体价值，同时保持环境审计主体在精神上“超然独立”的审计准则及其相关的法律法规的约束，才能确保环境审计市场中环境审计主体的“超然独立”。

第7章

企业碳审计的技术基础与标准框架

7.1　我国低碳发展及碳排放权交易现状

中国是世界上最大的发展中国家，也是 CO_2 排放最多的国家之一。根据世界银行的研究，中国具有每年减排1亿~2亿吨 CO_2 的潜力，可为全球提供一半以上的CDM项目。1998年5月，中国在联合国总部签署了《京都议定书》，并于2002年8月正式核准《京都议定书》，这意味着中国全面启动了CDM运作。为加强清洁发展机制项目的有效管理，保证其项目有序进行，中国政府于2004年6月颁布了《清洁发展机制项目运行管理暂行办法》，2005年10月又对该暂行办法进行了修订，颁布了《清洁发展机制项目运行管理办法》。

我国是世界上最大的CDM供应国。截至2010年1月8日，中国已成功注册清洁发展机制项目722个，期望平均年核证减排量2.006亿吨 CO_2 当量，已签发核证减排量1.745亿吨 CO_2 当量，分别占全球总量的35.96%、59.15%和47.66%，均为世界第一。但世界银行的数据显示，2009年全球碳市场总额同比增长6%，达1440亿美元，其中中国占全球碳交易市场的份额不到1%。[①]

2011年10月，国家发改委明确上海、北京、天津、重庆、广东、湖北、深圳七个省市开展区域碳排放权交易试点。上海、北京、天津是全国最早设立环境能源交易机构的地区，已有现成的交易平台，今后可能成为全国性的交易平台。依照国家发改委提出的分阶段实施路线，2013年启动试点交易，2015

① 李侠："碳关税逼近呼唤中国尽快建立统一碳交易市场"［N］，《金融时报》，2011-05-26。

年基本形成碳交易市场雏形，“十三五”期间在全国全面开展交易。

7.1.1 国内碳交易所分析：以上海环境能源交易所为例

上海环境能源交易所（以下简称上海环交所）是国内最早成立的从事排污权交易、碳排放权交易相关业务的交易所之一，位于上海市花园坊节能环保产业园。2013 年 1 月 16 日，根据《温室气体自愿减排交易管理暂行办法》的要求，经国家发改委审核，上海环交所正式成为温室气体自愿减排交易机构。

截至目前，上海环交所已有 70 多名工作人员，下设交易部、会员部、法务部、研发部、碳核算中心、投资部、资产管理部、办公室等部门，100 多家会员单位。上海环交所在 2010 年世博会期间建立自愿减排平台并成功为世博会万科馆提供碳中和服务，与兴业银行合作建立个人购碳绿色档案。在 2012 年，联合中国质量认证中心、上海节能减排中心、上海市能效中心进行上海九大行业温室气体排放核算工作，已基本完成，为接下来的上海市碳交易试点奠定了基础。

（1）上海环交所的优势。

①资本优势。上海环交所是国内首家股份制环境交易所，于 2011 年 12 月 23 日改制成立，引进了英大国际控股集团、财政部清洁发展机制基金管理中心、宝钢集团等 10 家中央和地方企事业单位作为股东。改制完成后，上海环境能源交易所股份有限公司资金总规模将达到 2.5 亿元。截至 2011 年 12 月，上海环交所共实现挂牌金额 326 亿元，成交金额 74 亿元，自愿碳减排项目个人开户数超过 21 万户，交易规模全国领先，已经成为中国最活跃、规模最大、具有国际影响力的环境能源交易市场和权益交易平台之一。

上海环交所已在国内建立了 7 家分所，逐步建立起了全国性的环境能源交易网络。上海环交所还在开拓国际市场，参与国际碳市场的建设。经联合国开发计划署批准同意，上海环交所于 2009 年建立了南南全球环境能源交易系统，成为南南国家在环境能源领域开展新型合作的新途径。这一系统目前已在全球 30 个国家设立了 34 个工作站，通过市场的方式，提升发展中国家应对气候变化的能力。①

---

① “全国首家股份制环境交易所在沪揭牌”［N］.《新华网》，2011 - 12 - 23。

②区域优势。赛迪投资顾问发布的《中国低碳城市发展战略研究》指出，截至2011年11月，我国正在规划建设的低碳城市已经形成四大区域集聚发展的格局分布，即以环渤海、珠三角、长三角、西南地区四个经济区为重点聚集分布。未来低碳城市建设将以点带面呈辐射式发展，由四大区域向全国迅速拓展。根据2011年国家发改委发布的碳交易七省市试点方案，上海属华东、广州深圳属华南、北京天津属华北、湖北属华中、重庆属华西，上海依托经济较为发达的华东腹地和长江三角洲经济圈，发展空间广阔。

上海汇集了众多在节能环保与能源领域具有先进科研能力的高新技术企业、具有雄厚资本和国际视野的金融机构、高产值高能耗的工业企业以及发达的服务业，拥有较完整的产业格局，同时独立的环保公益类协会、科研组织、服务机构也较多，十分有利于建立以环境交易所为中介平台的上下游贯通的碳交易产业链，有望率先在国内探索出注册登记、交易平台、第三方核查、监督为一体的碳交易体系。

③基础优势。上海作为中国经济中心，金融业特别是资本市场非常发达。在2010年“新华—道琼斯国际金融中心发展指数”中，上海综合位列全球45个国际金融中心排行榜第八[①]，已拥有证券、商品期货、金融期货、外汇、黄金、产权、航运等门类齐全的要素市场，集聚各类金融机构800余家，并具有领先全国的信息流、资金流集聚优势。上海证券交易所2009年股票成交额在全球排名第三，上海期货交易所交易量跃居全球商品期货和期权交易所第二，同时跨入全球十大衍生品交易所行列，产权市场已具有相对成熟的交易、监管机制，这为碳交易的发展提供了肥沃的土壤。

碳交易领域的合作和探索初步取得成果。2010年2月4日，上海环交所携手万科企业股份有限公司、中国质量认证中心开展首笔“世博自愿减排”项目，并在上海环交所世博自愿减排平台挂牌。同时，上海环交所世博自愿减排平台也在2010年1月21日开通试运营，以碳补偿为切入点，号召世博场馆及个人通过购买、赠送自愿减排量等方式，抵消2010年上海世博会产生的各类碳排放，是全国首个让市民实现购买碳排放的系统[②]。2011年3月2日，上

① “国际金融版图上的上海新坐标——看上海国际金融中心建设”[N]，《“中国上海”政府门户网》，2010-7-9。

② 张玲玲：“世博会的‘碳中和’故事”[N]，《中国节能服务网》，2010-10-20。

海环交所对首批9家上海虹口区的重点工业企业展开碳核算，上海企业碳核算试点工作启动。2012年8月16日，上海市碳排放交易试点工作正式启动，并于2012年12月12日至2013年1月31日期间完成了各试点企业开展碳排放状况初始报告的盘查工作。

④科研优势。上海市拥有4所985大学、9所211大学，高校林立，人才储备丰富，科研能力强。早在2011年，全球顶级学术机构英国丁铎尔中心就开展了与复旦大学的战略合作，首次在亚洲设立全球气候变化研究分中心，聚焦气候变化科学的重大科学问题。2012年6月8日，联合国环境规划署—同济大学环境与可持续发展学院课题组发布了《崇明生态岛碳源碳汇核算研究报告》，报告首次建立了适用于崇明生态岛碳源碳汇核算的集成方法体系，并开发设计了崇明碳源碳汇信息平台，为中国县级区域的碳源碳汇核算提供了良好范例。在低碳领域和碳交易方面的研究，上海高校已经具有相关经验，上海环交所应凭借政策、资源、实践方面的优势与高校、研究机构等开展合作，优势互补，针对上海本地特点进行初期研究，以便后期建立推广至全国的普遍方案，占领理论研究和技术的制高点。

（2）上海环交所的劣势 。

①碳交易推广与城市经济发展的矛盾。改革开放以来，上海经济总量和能源消费总量都在保持高速增长。上海作为我国经济龙头，社会经济发展始终走在全国前列。2012年上海实现生产总值20101.33亿元，按可比价格计算，比上年增长7.5%，为全国产值最高的城市。但不可否认，上海在取得巨大成就的同时，也消耗了大量的能源资源。

从终端能源的消费量来看，2011年上海市能源消费总量达到11 270.48万吨标准煤，是1990年的3.5倍，比2000年增长了104.94%，平均十年翻一番，需求量呈现增长趋势，虽然受到国家节能减排政策和全球宏观经济的影响，增速有所放缓，但随着全球经济复苏，上海市加快建设国际金融中心与航运中心，它对能源的需求必然还会经历一个加速增长的过程。如图7.1、图7.2所示。

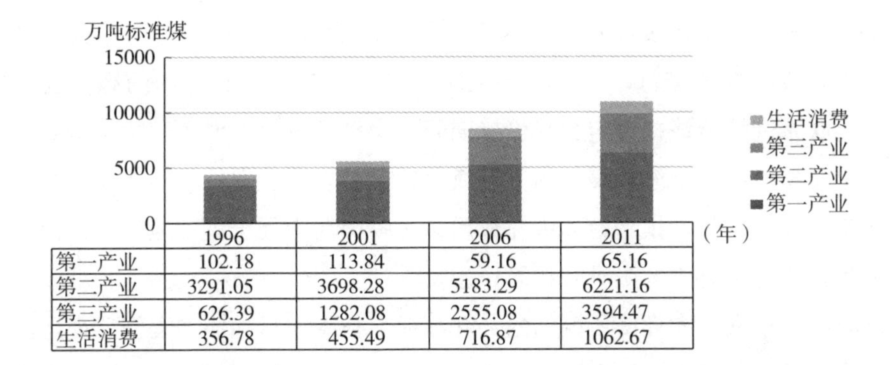

	1996	2001	2006	2011
第一产业	102.18	113.84	59.16	65.16
第二产业	3291.05	3698.28	5183.29	6221.16
第三产业	626.39	1282.08	2555.08	3594.47
生活消费	356.78	455.49	716.87	1062.67

图 7.1　1996、2001、2006、2011 年上海市能源终端消费量比重

资料来源：《上海市 2012 年统计年鉴》，表 5.6：主要年份能源终端消费量。

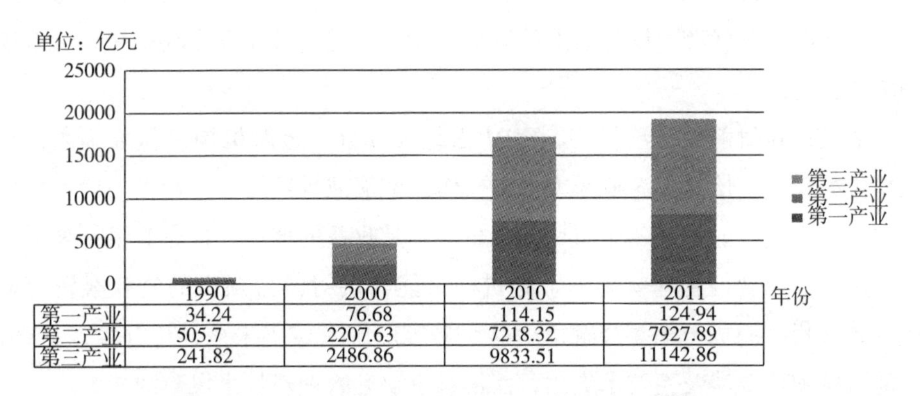

	1990	2000	2010	2011
第一产业	34.24	76.68	114.15	124.94
第二产业	505.7	2207.63	7218.32	7927.89
第三产业	241.82	2486.86	9833.51	11142.86

图 7.2　1990、2000、2010、2011 年上海市三大产业比重

资料来源：《上海市 2012 年统计年鉴》，表 1.4：主要年份社会经济主要指标。

第二产业 CO_2 排放占到上海市 CO_2 排放总量的 60% 以上，是在上海发展低碳经济及相关业务的特有障碍，工业在 GDP 中比例逐年下降，但在上海市能源消耗中的比重却逆向攀升，增长速度明显加快。虽然第三产业的 CO_2 排放强度相当于第二产业的 45%，但服务业中的交通运输、仓储和邮政业亦是高碳产业。此次碳交易试点中第二产业、第三产业的高碳企业是主要参与对象，容易触及上海的经济发展动力。

②市场化不足，相关方积极性不高。第一，市场化不足，指令性、政策性帮助依赖较大，交易品种较单一。首先，上海环交所作为中国首家股份制环境

交易所，在企业参与碳交易的方式上实行会员制，即交易碳排放权的企业不直接参与交易，而是通过已在上海环交所注册的会员（如投资公司、资产管理公司等）委托代理进行，项目在环交所及网站上挂牌，有意向的客户会直接和企业联系进行洽谈，协定交易价格期间，交易结束后上海环交所从受益方收取一定交易费用。上海环交所尚未形成包括交易规则、定价指标等在内的成熟的碳交易体系，仅承担平台和中介作用，在碳交易中处于被动地位，并没有充分发挥在市场机制中的引导和指导作用。

其次，根据上海环交所网站的公开数据，挂牌项目和成功案例呈现地区分布集中、挂牌时间集中、交易时间集中的特点，持续性、延续性不强，交易日常化较弱，与发达国家活跃的交易频率尚存差距。上海环交所迄今为止开展的项目或合作与政府有着密切的联系，对政策依赖性比较大，如世博会的减排平台、上海市碳排放交易试点等，存在时效短、维护不力、推广不足、参与不高和灵活性较差等问题，缺乏后期的维护和及时跟进，可见其行政意味大于市场价值。

最后，在目前交易项目中，CDM 占绝大部分。金融机构参与度不高，相关衍生品较少，依然靠企业单方面去操作，节能减排项目在企业里一般都是技改项目，它给企业带来的是费用的减少而不是收益的增加，这点对银行来说缺乏吸引力。在现行管理体制下金融机构只能开展对减排项目的贷款融资等业务，碳现货、期货与相关金融衍生品交易等广阔领域仍未被允许开放，另外，节能减排项目要涉及新技术应用，而银行也缺乏管理新技术风险的能力。

第二，碳排放权交易尚未引起企业重视，缺乏系统性的引导和帮助，激励不足。碳交易和碳金融的概念进入国内时间并不长，加之国内地区性试点刚刚起步，了解碳交易的企业和金融机构不多，企业没有认识到碳排放权的潜在商机，仍停留在传统的节能减排手段上。交易所缺乏与相关企业的联动合作，会员数量较少，覆盖面不广，推广力度不足。

③发展思路较保守，技术创新不足。第一，与关联组织交流不多，合作项目较少。根据上海环交所的工商信息，股东构成为英大国际控股集团（国家电网）、财政部清洁发展机制基金管理中心、宝钢集团、华能集团、申能、联合投资等 10 个股东，主要来自国企和政府机构。迄今为止，上海环交所已与万科、中国质量认证中心、兴业银行、杭州产权交易所、复旦大学金融研究中

心、英国驻上海领事馆等企业或机构合作，拥有来自高新技术、投资咨询、资产管理、法律、媒体等领域的会员单位26家。同样号称中国第一家环境能源交易平台的北京环境交易所与BlueNext、澳大利亚金融和能源交易所集团（FEX）、韩国能源管理公司等国外相关企业建立合作关系，先后为中国光大银行、中国国际航空公司、百度、博鳌亚洲论坛、葡萄牙驻华大使馆等企业或机构提供服务或合作，拥有44家会员单位。可见，上海环交所尚未充分发挥上海的区位优势和产业优势，与国内外关联企业、相关机构的沟通交流不足，特别是在碳核算和碳金融领域尝试较少，对于宣传推广碳交易理念和建立成熟全面、多方联动的碳交易机制未起到积极作用。

第二，碳交易相关研究与创新不足。改革开放的"总设计师"邓小平同志曾说过："科学技术是第一生产力"，中国已是全球最大的碳排放权提供国，却不是最大的交易国，可见中国尚处在全球碳交易产业链的最底端，亟须在国内建立一套适合中国国情、与国际接轨的碳交易体系。作为试点的排头兵和重要载体，交易所承担起碳核算、碳金融等理论研究是必要且紧迫的。北京环境交易所早在2009年联合BlueNext交易所发布了中国首个自愿减排标准——熊猫标准，并于2011年首次运用于实践，同年发布了中国低碳指数（简称中国低碳）和首个碳交易电子平台系统，2013年初又开启节能量交易。相比之下，上海环交所在碳交易方面的探索还比较浅显，仍停留在初步的碳核算、挂牌交易和技术合作方面，而一个成熟的碳交易体系应是注册、盘查、核算、定价、监督等各个环节，需要企业、金融机构、第三方机构、政府相关部门等各司其职。

7.2 企业低碳审计的技术基础——碳足迹的分类与评价

根据气候专家的研究，全球CO_2排放到2050年必须降低至2000年的85%，以防止全球平均气温较工业化前的水平增加2℃。全球变暖将对人类和生态系统产生无可预测的负面影响，因此，加快减少温室气体的任务变得十分紧迫。在探讨了国家层面环境审计制度的设计后，企业的领先和创新行动对于减排至关重要。

碳足迹是指归属于某一特定组织的温室气体排放总量（Carbon Trust，2008）。二氧化碳（CO_2）、甲烷（CH_4）、氧化亚氮（N_2O）、氢氟碳化合物

（HFCs）、全氟碳化合物（PFCs）、六氟化硫（SF_6）这些气体会吸收太阳能量并形成再辐射，从而使地表和低层大气温度增高，这一现象即温室效应。自工业革命以来，向大气中排入的 CO_2 等吸热性强的温室气体逐年增加，温室效应增强，导致全球变暖。全球变暖和温室气体减排已经成为环境保护政策日程的首要事件（Weidema et al.，2008）①。

随着公众环保意识的增强，温室气体的过度排放将影响人们对于消费产品的选择，影响每一个企业的未来。对企业组织或其产品实施碳足迹审计，首先，可以为社会公众提供企业组织或产品的碳足迹信息，引导公众理性消费，成为环境保护的重要政策选择与机制。同时，消费模式转向低碳化，可以大量减少潜在的碳排放。据调查，在美国每位消费者购买和使用消费品、电器的碳排放占其排放总量的20%（未包括这些商品运行所用的能源碳排放），其中食物和非酒精饮料占9%，是其中最大的一个类别（Carbon Trust，2006）。其次，碳足迹审计提供的碳排放信息使企业能更有成效的在企业和供应链中采取碳减排措施，从而去开发新的低碳型产品、低碳型生产工艺，选择能源节约型的新材料，使其产品更具有竞争力。第三，碳足迹审计也是企业低碳审计的技术核心，当碳足迹能准确核定时，相应的低碳合规性审计、低碳资金财务审计和低碳绩效审计便能在此基础上加以推行。最后，企业对于其计量和降低碳足迹的能力显示可以提升公司在股东、潜在投资者、债权人中的整体形象，增强投资者的信心。

企业碳足迹审计从其审计的客体来分，存在两类：公司碳足迹审计和产品碳足迹审计。公司组织碳足迹审计旨在识别温室气体排放源及其为企业组织带来的管制和财务上的风险。产品碳足迹审计则意在为消费者提供产品在形成过程中所排放的温室气体信息，这一信息有助于消费者基于环保理念进行理性消费。

如果企业为非循环经济下的企业，独立享有碳排放权，其碳排放也独立核算，则其公司及其产品碳足迹审计的范围可参考图 7.3。如果企业为生态循环经济下的企业，则其企业碳足迹应结合整个循环经济企业圈，运用科学合理的

---

① Weidema, B., Thrane, M. Christensen, P., Schmidt, J. And Lokke, S.（2008）. Carbon Footprint: A Catalyst for Life Cycle Assessment［J］. Journal of Industrial Econogy, 12.

方式来分配确定。此时，其最终碳足迹的确定需要考虑上游和下游企业的剩余碳排放权和可抵减的碳排放量（范围三）。

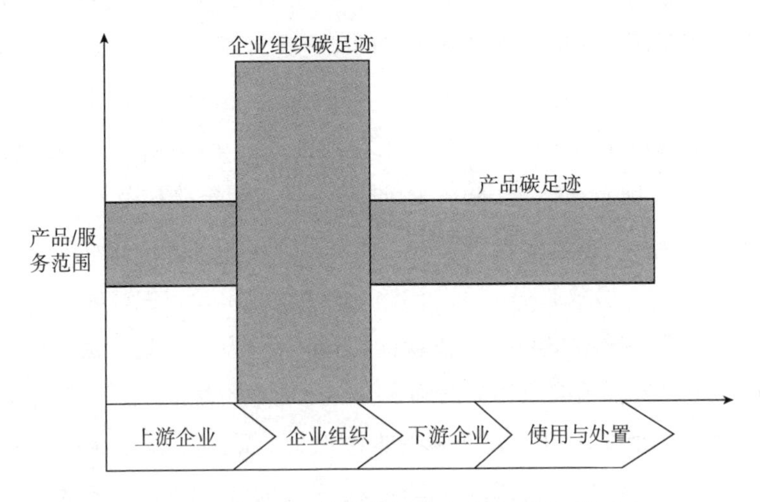

图 7.3　非循环经济企业及其产品的碳足迹范围

7.3　碳足迹的计算方法及存在的问题分析

Wiedmann 和 Minx（2007）[①] 发现在生命周期法下进行碳足迹核算可通过两种不同的方式进行：一是由下而上，二是由上而下。对生命周期所进行的过程分析是一种由下而上的方法，用于分析单个产品（或过程）从摇篮到坟墓对环境产生的影响。

7.3.1　生命周期法

生命周期评价是碳足迹审计中的基础方法。根据 ISO（2006）的定义，生命周期法研究产品整个生命周期（即从摇篮到坟墓），从原材料的获取到生产、使用和处置过程都对环境产生现实和潜在的影响。现有的碳足迹计算方法多数是基于生命周期法，目前已开发多种碳足迹计算器，通过对个人的日常生

① Wiedmann T. and J. Minx. 2007. *A definition of "carbon footprint."* *ISAUK Research Report* 07 – 01. Durhau: Centre for Integrated Sustainability Analysis, ISAUK Research & Consulting. http://www.isa – research.co.uk/docs/ISA – UK_ Report_ 07 – 01_ carbon_ footprint.pdf (Accessed February 21, 2008)

活或组织的运营中所实际消耗的热能、电力、原材料等的实际数量来估计碳排放。

生命周期法的应用仍存在以下需要考虑的因素：第一，没有哪一种生命周期法可以适用于所有企业、产品和服务的碳足迹计算。因为企业、产品和服务的性质各不相同，生命周期的分析因其客体而异，相同行业的生命周期存在相似性，但仍需要以个别企业为对象来进行碳排放清单的编制和碳足迹的计算。如 Matthews，H. Scott 等（2008）[①] 的研究表明，碳排放在范围一至范围三的分布情况在行业与行业之间差异巨大，如发电业中，范围一和范围二的碳排放占93%，但在图书出版业中，这一比例只占6%。第二，生命周期法要求收集完整的数据，在实际应用时，Wiedmann 和 Minx（2007）[②] 指出这种以过程分析为主的碳足迹计算需要关于边界的确定，必须考虑现场的、一手的数据。如果数据的收集存在现实困难，其准确性难以保证。第三，就生命周期的阶段划分，对排放源和温室气体范围的界定而言，运用生命周期法，不同的定义将产生不同的结论（Busser 等，2008）[③]。第四，生命周期法用于碳足迹计算存在内在复杂性和非精准性，这与消费者所要求的简单明了、清晰的方法容易形成期望差距。

7.3.2 环境投入产出法

环境投入产出分析是一种由上而下的方法，可以家庭收支的盘查为基础，结合环境投入产出法，分析计算某一国家或区域中家庭或各收入阶层碳足迹的平均值，为基于生命周期的过程分析提供替代选择。这一方法结合环境数据考虑更高层次的影响，将边界设定为整个经济系统，利用投入产出表这一经济核算表所提供的部门所有经济活动的相关数据，以一种全面而稳健的方式估计碳足迹。由于环境产出分析法假设产品价格、产出和部门层次的碳排放具有同质

---

① Matthews, H. Scott, Weber, Christopher, Hendrickson, Chris T., Estimating Carbon Footprints with Input – Output Models, International Input Output Meeting on Managing the Environment, http: www. upo. es/econ/IIOMME08

② Wiedmann, T. And J. Mix (2007). A Definition of "Carbon Footprint". ISA Research Report 07 –01. ISA (UK) Research and Consulting. Available at www. Isa – research. co. uk

③ Busser, S., R. Steiner, N. Jungbluth (2008). LCA of packed food products – the function of flexible packaging. ESU – SERVICES ltd., Uster, Switzerland. Report made for Flexible Packaging Europe.

性，因此不太适合于像产品这样的微观层面的碳足迹估计。环境投入产出分析法的优势在于只要模型适当，较由下而上的过程分析更为节省时间和精力。如果有准确的环境数据作为基础，工业、商业、产品和服务、政府、社区或家庭的平均公民碳足迹均可通过投入产出法分析计算，因此在宏观和微观系统的碳足迹核算中都具有便捷的特点。

7.3.3 投入产出—生命周期混合法

Wiedmann 和 Minx（2007）提出结合投入产出法和生命周期法来评估像产品或服务这类微观系统的碳足迹。这种方法要求收集所研究的产品或服务关于环境影响的现场数据和基础数据（第一层次和第二层次），对于更高层次的数据要求则由投入产出利用普遍可用的工具获取。然而，这样的混合评估法建模时虽然考虑了经济生态，但相关的文献和模型依然相对较新且几乎无法应用于实践。在发达国家这有可能很快得到改善，但在绝大多数发展中国家其应用依然有限。

7.4 企业碳足迹评估相关规范、技术标准及其适用

7.4.1 《温室气体核算体系》

《温室气体核算体系》（GHG Protocol）由环境 NGO 世界资源研究所（World Resources Institute，WRI）和世界可持续发展工商理事会（World Business Council for Sustainable Development，WBCSD）于 1998 年开始联合建立。为企业公开报告和参与自愿或强制性的温室气体项目、参加温室气体市场提供了指导，也能帮助公司识别温室气体排放源并排序，减少公司层面的温室气体排放。现有的温室气体核算体系由四个相互独立但又相互关联的标准组成：《温室气体核算体系企业核算与报告标准》《企业价值链（范围三）核算和报告标准》《产品生命周期核算和报告标准》和《温室气体核算体系项目量化方法》，本书主要涉及前三项标准。

（1）温室气体核算体系企业核算与报告的流程与范围。

温室气体核算体系企业核算与报告旨在为企业对温室气体的减排量进行量化核算与报告提供分步指导；根据这一体系，温室气体的核算与报告遵循以下

流程，如图7.4所示。

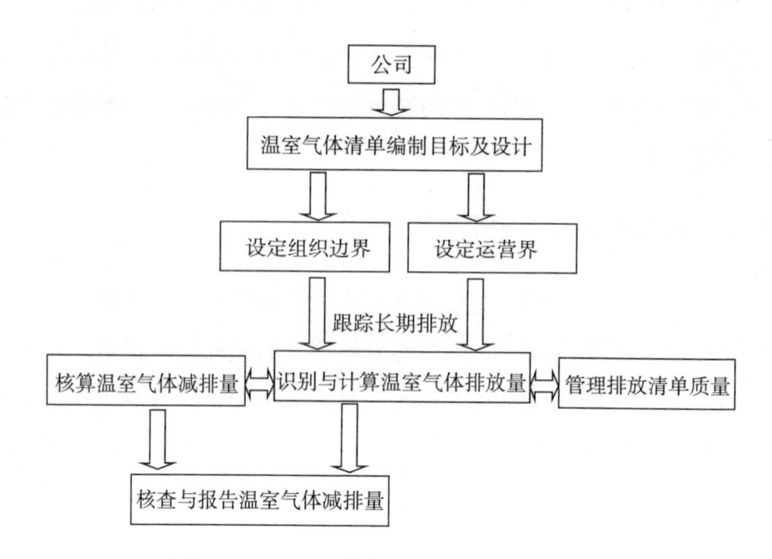

图7.4　GHG核算体系的核算与报告流程

《温室气体核算体系》（GHG Protocol）设定了三个“范围”，各企业必须至少分别核算并报告范围一和范围二的排放信息。

范围一是指直接温室气体排放，产生自一家公司拥有或控制的排放源，主要包括公司从事此类活动产生的生产电力、热力或蒸汽，其排放源主要是锅炉、熔炉、车辆等产生的燃烧排放；物理或化学工艺中来自化学品和原料的生产或加工，所产生的排放，如水泥生产、铝及废物处理；运输原料、产品、废弃物和员工所产生的排放，如公司拥有或控制的卡车、轮船等产生的燃烧排放；无组织排放，即各类有意无意的泄漏，如设备的接缝、密封件、包装的泄漏等。

范围二是指企业所消耗的外购电力产生的间接温室气体排放，包括通过采购或其他方式进入该企业组织边界内的电力，其排放产生于电力生产设施。

范围三主要指其他间接温室气体排放，可以选择性报告，此类排放取决于公司运营的情况，但不是公司拥有或控制的排放源，如开采和采购的原材料、运输采购的燃料、出售的产品和服务的使用、废弃物处理产生的温室气体排放。

（2）《企业价值链（范围三）核算和报告标准》。

《企业价值链（范围三）核算和报告标准》由WRI和WBCSD发起于2008

年，2009 年由 96 名来自各行各业的技术工作团队形成第一稿，2010 年 34 家各个行业的公司进行了实地测验，从实用性进行考虑，形成了第二稿。GHG 协定企业核算与报告的增补，是企业评估其整个价值链的温室气体排放的影响，识别减少排放最有效的方法，适用于公司、非政府组织、政府和其他 WRI、WBCSD 召集的主体。通常，公司大部分温室气体排放来自范围三，这意味着公司错过了可以改进排放的重要途径。新标准的用户现在可以排放 15 个类别的范围三活动，上游和下游业务。范围三框架还支持与供应商和顾客通过合作采取策略，使整个价值链强调气候影响。这一标准的目的在于为公司和其他组织提出要求和指南，以供其编制和公布包括从价值链活动产生的间接排放的温室气体排放清单。主要目的是提供一种标准化、按部就班的方法帮助公司了解其全部价值链的排放影响，以使公司致力于寻找温室气体的最大减排机会，引导公司在其各类活动、产品购买、生产和销售方面形成更具可持续性的决策。如表 7.1、图 7.5 所示。

表 7.1　　公司层面温室气体报告的选择

报告选择	范围一	范围二	范围三
按《温室气体协定企业》报告	要求	要求	任选：公司可以报告自行选择范围三的任何排放物
根据《温室气体协定企业标准》和《企业价值链（范围三）核算和报告标准》报告	要求	要求	要求：公司必须根据《范围三标准》的要求报告范围三的排放物

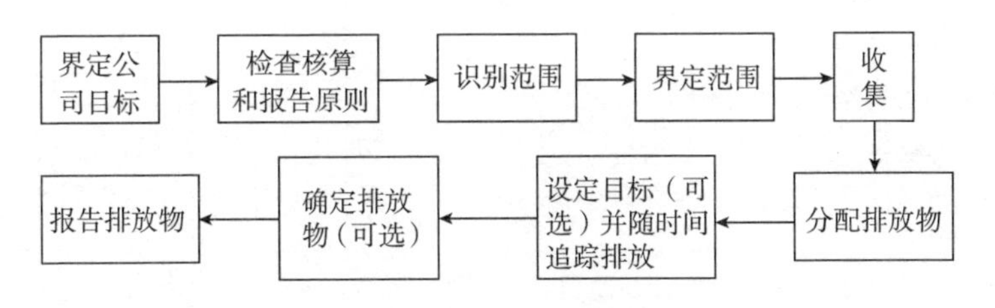

图 7.5　范围三核算和报告的步骤

范围三温室气体核算和报告清单应当遵守以下原则：相关性、完整性、一致性、透明性和准确性。范围三的排放物来自由供应链中其他企业所拥有

或控制的排放源（例如原材料供应、第三方物流，废弃物管理供应商，旅游供应商，出租人和承租人，特许经销商，零售商，员工和客户），包括来自企业价值链活动又属于企业组织边界内的排放物；来自虽然不在组织边界内，但由公司部分或全部拥有、控制的租用资产及投资和特许经销商产生的排放物。上游排放物是指与采购和获取商品与服务有关的间接温室气体排放；下游排放是指与销售商品和服务间接相关的温室气体排放。如表7.2所示。

表7.2　　范围3排放物的报告

报告项目	报告年份		
上游范围三排放物	过去	当年	未来
1. 购买商品和服务	√	√	
2. 生产资料	√	√	
3. 燃料和能源相关的活动（未包括在范围一和范围二中）	√	√	
4. 上游运输与分配	√	√	
5. 运营产生的废弃物		√	√
6. 商务旅行		√	
7. 员工上下班交通		√	
8. 上游租赁资产		√	
下游范围三排放物		√	
9. 下游运输和分配		√	√
10. 销售产品的加工		√	√
11. 销售产品的使用		√	√
12. 产品使用寿命结束时的处理		√	√
13. 下游租赁资产		√	
14. 特许经营		√	
15. 投资		√	√

在确定范围三的边界时，公司应当披露所有范围三的排放物，对排除在外的应当有充分的理由；不能排除那些在公司范围三排放物中占有重要比例的排

放活动；排放物包括价值链中所排放的6类温室气体，同时，对生物CO_2应在公开报告中单独列出。

收集与评价数据时，应当首先排定各类活动的优先顺序，可以根据温室气体的排放规模、相关活动的财务支出、收入或其他标准，如公司拥有的影响力，影响到公司的风险程度，利益相关者认定的重要程度，对特定部门具有的指导意义，对公司或行业制定的任何附加标准的执行情况。

有两类量化的方法，一是直接测量，即对温室气体排放物的数量进行直接监测，质量平衡或化学计量，GHG = 排放数据 × 全球增温趋势（GWP，Global Warming Potential），此时，只需要运用测量仪器收集直接的排放数据。二是间接计算，即运用 GHG = 活动数据 × 排放因子 × GWP 来计算排放量，所需要收集的数据包括活动数据和排放因子。主要数据是来自于公司价值链的特定活动的数据，包括由供应商或其他与特定活动相关的价值链合伙者提供的数据；体现为主要活动数据，或与特定活动相关的供应商提供的计算数据。具体可通过仪表读数、采购记录、账单、工程模型、直接监测、质量平衡、化学计量或从公司价值链中特定活动中获取数据的其他方法获取数据。次级数据不是来自公司价值链的特定活动。包括行业平均数据，如从公开的数据库、政府统计数据、文献研究数据或行业协会提供的金融数据、代理数据或其他一般性数据。然后选择数据，收集并填补数据缺口，提高数据的质量。分配数据可以采用物理分配法、经济分配法和其他方法。物理分配法根据产品与其产品的质量、体积、购买的电能、热能等、化学成分、单位数量或其他因子分配。经济分配法根据每一种产出或产品的市场价值来分配各项活动的排放物。其他分配法是指专用于某一行业或某一家公司的活动排放物分配法。

在设定温室气体目标和跟随时间追踪排放时，目标设定可以是范围一、二、三总计排放量，也可以是范围三排放量，或者是范围三各种类别的分项目标，公司应当选择范围三的基准年，具体说明选择那一特定基准年份的理由。计算温室气体减排，范围三排放物的变化量 = 当年范围三的排放物 - 基年范围三的排放物。鉴定可采取第一方鉴定和第三方鉴定，前者指由报告公司内独立于 GHG 清单所及过程的人员开展内部核查，出具报告。第三方鉴定则是由来自某独立于范围三清单所及过程的某一组织的员工开展。

鉴定过程包括以下步骤：计划和界定范围，范围三单位的识别排放源，执

行鉴证过程，评估结果，确定和报告结论。报告结论时，必须报告的内容包括每一项范围三的项目，除了生物 CO_2 外，全部 GHG 排放以多少公吨 CO_2 当量报告。对每一类范围三的温室气体排放，应报告在计算范围三排放物时的方法、分配方法及假设。可选择报告价值链中供应商或合伙人的减排参与和表现信息；生产绩效信息；范围三的历史排放信息，即以前已经发生，作为公司报告年度活动的结果，与范围三未来排放信息分开报告；不确定性信息。

（3）《产品生命周期核算和报告标准》（2010）。

这一标准在 2009 年，由 WRI 和 WBCSD 组织协调，由来自各类企业、政府机构、非政府组织和学术机构的 70 名成员组成的两个技术工作组编写。该标准可用于了解某种产品在全部生命周期内的排放物，集中力量使温室气体最大量度地减少，以生产更具可持续性的产品；也可用于对产品从原材料、生产、运输、仓储、使用和处置的整个生命过程温室气体排放的核算，以便企业改进产品设计，降低成本与风险，提高产品效能，使其更具竞争力；可以帮助公司用标准化的方法和原则，编制真实并公平反映其温室气体排放清单的成本，简化并降低编制温室气体排放清单的成本，为企业提供用于制定管理和减少温室气体排放有效策略机制的信息，帮助提供参与自愿性和强制性温室气体计划所需要的信息，提高温室气体核算与报告的一致性和透明度。如图 7.6 所示。

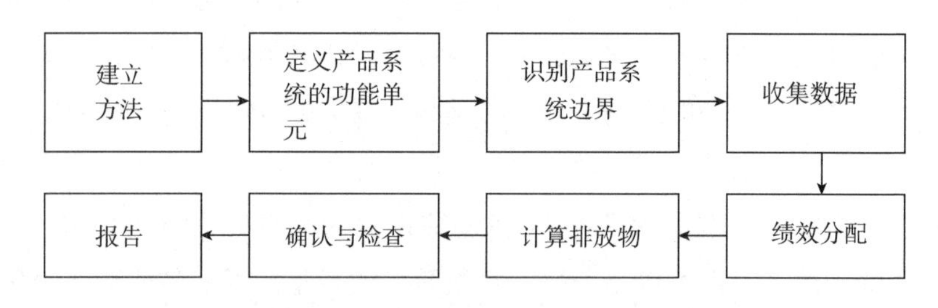

图 7.6　产品生命周期 GHG 核算流程

根据这一标准，产品生命周期 GHG 核算流程如图 7.6 所示，其中的要点如下：

①建立 GHG 清单的编制方法。归因法即提供产品生产周期内直接的温室气体排放，此时，产品系统建立在供应链的逻辑上，是与原材料的生产、

能量流动或服务直接相关的过程。因果法则是根据产品需求的变化提供直接或间接排放的温室气体信息。这种方法运用因果联系测定受到影响的过程，描述随之而来的温室气体排放物水平的变化。在产品层次的 GHG 核算和报告标准中，与已有的温室气体核算标准和传统的排放物管理与控制方法一致，采用的是归因法，但也有一些情况下对间接影响的测量有必要用到因果法，如对生物燃料带来的间接影响就更适合用因果法。归因法与因果法的比较如表 7. 3 所示。

表 7. 3　　GHG 清单编制的归因法和因果法

	归因法	因果法
目的	根据与排放相关的生产过程及结果来分配	根据系统特征的变化来分配
重点	如何在多种产品中分配已知的排放物数量	根据特定产品产量和消费的结果来识别排放总量是如何变化的
规则	确定在生命周期温室气体核算中，某一过程是否应当考虑进来，从而确定这一过程是否是产品生命周期中供应链的某一部分	根据更多的某一特定产品更多的生产或消费引起的全球温室气体排放物的变化来确定。一个过程是否应当考虑在产品的生命周期 GHG 核算中的一般性原则是，看某一过程是否改变基于产品需要增减变动的产出。特定市场对产品需求变化的反应信息用于决定过程是否受到影响

②确定功能单元。功能单元即产品系统中可量化其业绩并可用作参考的单元。功能单元对于简单的产品可能相对简单，对于复杂的产品则涉及多个方面。界定一个功能单元应考虑：产品的质量、使用方式、技术性能特点和维护要求，产品的使用寿命、最终产品的生命。可以部门的具体指南结合产品分类规则来定义功能单元。

③定义系统边界，包括产品的生命周期各个阶段。具体如表 7. 4 所示。

表 7.4　　　　产品的生命周期各个阶段及其主要活动

阶段	产品生命周期各阶段的主要活动
原材料的获取和预处理	采矿与挖掘（原材料或化石燃料）、耕地和收获树木或庄稼，使用化肥，对原材料进行满足顾客需求的加工，土地使用及其用途改变的排放物
生产	半成品的生产；半成品的运输；组装中间产品生产产成品；生产中使用催化剂或其他辅助材料；产成品的成形、表面处理、加工和其他需要的处理过程
产品分销和贮存	储存管理、收发货、循环计数、储存维护，航运活动、运输、零售活动
使用	使用中的交通运输；使用中的储存；正常使用；使用中的修理和维护；产品的制备；报废时的运输
报废阶段	收集报废产品并包装；拆卸报废产品的各个组成部分；撕碎并分类；分选焚烧底灰；填埋，填埋场的维护，分解排放；转化再生材料，如通过重熔

产品温室气体清单可以分为两类：一是 B2B（Business to Business）清单，是部分清单，只包括某一产品从生命周期的初始到出售给顾客的时点这一过程中的温室气体排放。从报告主体的角度，B2B 包括历史排放数据，但排除了产品出售给顾客以后的未来排放情况。二是 B2C（Business to Customer）全面清单，包括了某一产品在整个生命周期内从初始到最终处置或废品利用的过程中所排放的温室气体。它包括了历史数据和估计的未来排放量。产品系统边界的确定也根据这两类而定。

7.4.2　《生命周期内温室气体排放评价规范》(PAS2050)

PAS2050 由英国标准协会（British Pilot Standards，BSI）编制并于 2008 年发布，2011 年修订，是迄今为止最为详尽具体和全面的公众可得的产品碳足迹计量法，对该领域各国和国际标准的建立有着深远影响。ISO14040/44 标准阐明了产品和服务在其生命周期内碳足迹的计算方法。该标准规范了对系统边界的设定、对温室气体活动水平数据收集的规则、对排放的分配以及产品温室气体排放的计算等碳足迹核算的基本原则和方法。根据 PAS2050，产品或服务的碳足迹计算步骤包括：

第一步，建立产品或服务的生命周期流程图。流程图的建立便于对产品碳排放源的确定，整体过程包括产品的获取、产生、改变、运输、储存、运行、使用直至产品的处置。

第二步，设定产品或服务的系统边界。针对商业到商业的部分温室气体排放信息，其温室气体排放评价的系统边界应包括该输入到达一个新的组织之前（含到达点）发生的所有排放（包括所有上游排放）。下游排放不应纳入其系统边界内，该标准对原材料、能源、资产性产品、制造与服务提供、设施运行、运输、储存、使用阶段系统边界的设定规则分别进行了规范。

第三步，收集数据信息。横向上包括产品系统边界范围内所有的温室气体排放，纵向上包括生命周期各阶段的活动水平数据。应从组织所拥有、运行或控制的各个单独过程及发生场所收集初级活动水平数据，若不要求初级活动，则应使用次级数据。前者如测量某个过程中的能源消耗或材料的使用，或交通运输过程中的燃料使用，后者如牲畜的排放、粪便和所在土壤。

第四步，计算碳足迹。某一功能单位的 GHG 排放，可使用的方法：

一是初级活动水平数据 = 活动水平数据 × 该活动的排放因子，或用次级数据换算为 GHG 排放量。

二是 CO_2 当量的排放 = GHG 排放值 × 相应的 GWP 值

三是存在碳存储时，CO_2 当量的排放 = GHG 排放值 × 相应的 GWP 值 − 碳存储影响的 CO_2 当量排放

对各计算结果求和，获得每个功能单位的按 CO_2 当量表示的 GHG 排放量。其中：若是从商业到消费者（B2C），其生命周期流程如图 7.7 所示，产品完整的生命周期 GHG 排放量，包括使用阶段以及单独的产品使用阶段的 GHG 排放量。若是从商业到商业（B2B），其生命周期流程如图 7.7 所示，在输入到达某一新组织的一点（包括此点）所发生的 GHG 排放，包括所有上游排放。

第五步，GHG 排放按比例放大，以计算任何次级原材料或次级活动。同时进行不确定性分析，以评估碳足迹计算结果的准确性。这一步可以由企业自行决定评价与否，不是必要项。但执行不确定性检查对提高计算结果的准确度有所帮助，可以了解所收集到的数据的质量情况。

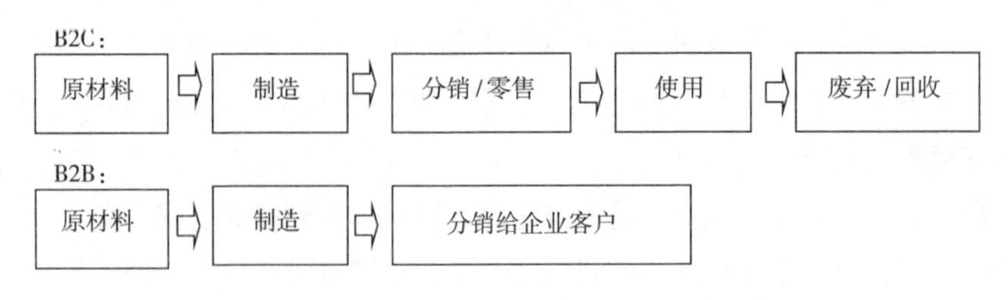

图 7.7 B2C 和 B2B 的生命周期流程

7.4.3 ISO14067

ISO14067 由 ISO 环境管理技术委员会温室气体管理和相关活动分技术委员会（ISO/TC 207/SC 7）自 2008 年 4 月开始制定，现处于审查阶段，标准计划将于 2014 年发布。该标准是基于为量化和环境标识及声明而产生的生命周期评估的国际标准，旨在为产品碳足迹的量化计算、沟通和标识提供具体要求和原则指导，同时提供了对产品部分碳足迹量化和标识的具体要求和原则指导。

ISO14067 基于 ISO140250、ISO14064、ISO14040 建立其框架，具体如图 7.8 所示。其中 ISO14020（2000）系列标准中 ISO14025 关于“环境标签与声明”主张在生命周期法中采用功能单位方法，而不是报告质量和体积，不便于识别和比较。这种改变了生命周期的几种具体方法沿用了 20 多年。ISO14064（2006 ~ 2007）系列标准集中于公司和项目层面的逐年的温室气体排放的计量，其方法主要来源于 GHG 协定中的企业核算与报告标准，两者的不同在于，GHG 协定提供比 ISO14064 更详细的指导和计算工具，ISO14064 与 GHG 协定相比之下，包括了验证的部分（McGray，2003；Spanangle，2003）。ISO14040 系列标准是关于 10 种不同食品和非食品类产品的产品碳足迹计算方法框架，产品碳足迹德国先锋项目的实践认为（PCF Pilot Project Germany，2009），ISO14040/44 标准提供了一种计算产品碳足迹的稳健基础，有了这一基础，产品生命周期内所有排放的温室气体可以计量，产品对气候影响程度的全面评估成为可能。ISO14067 标准分为两部分：ISO14067 - 1 为温室气体—产品碳足迹—第 1 部分：量化；ISO14067 - 2 为温室气体—产品碳足迹—第 2 部分：沟通。ISO14067 与其他

ISO 国际标准的关系如图 7.8 所示，该标准适用于商品或服务（统称产品），主要涉及的温室气体除京都议定书规定的 6 种气体二氧化碳（CO_2）、甲烷（CH_4）、氧化亚氮（N_2O）、六氟化硫（SF_6）、全氟碳化物（PFCs）以及氢氟碳化物（HFCs）外，也包含蒙特利尔议定书中管制的气体等，共 63 种气体。该标准将碳足迹所需要评估的范围较 PAS2050 更加扩大，纳入计算考虑，特别是产品废弃阶段，要求将加收料件等处理与二次料加一都必须列入计算，包括从原材料的开采、原材料加工成组件、零组件组装、产品运送到各零售商、产品使用阶段、产品废弃阶段的碳排放总量。

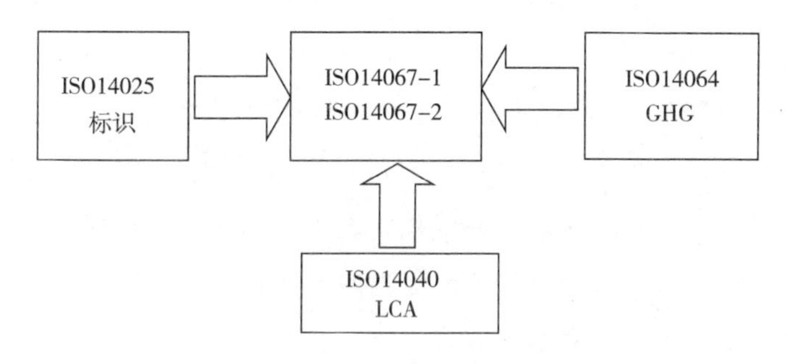

图 7.8　ISO14067 的框架

ISO14067 对产品碳足迹的量化给出了指导，同时规范了信息交流的形式、内容及要求，具体如表 7.5 所示。在形式上，信息交流可以采用公开或不公开，公开情况下，包括 CFP 对外交流报告、CFP 绩效追踪报告、CFP 声明和 CFP 标签；不公开的情况则不包括 CFP 标签。

表 7.5　　CFP 信息交流的形式、内容及要求

项目	CFP 对外交流报告	CFP 绩效追踪报告	CFP 声明	CFP 标签
CFP 信息不公开	CFP 信息交流项目 CFP - PCR 第三方核证或 CFP 披露报告			
CFP 信息公开	CFP 信息交流项目 CFP - PCR 第三方核证或 CFP 披露报告			

7.4.4 碳中和规范

该公众可获取的规范由英国标准协会（BSI）编制，旨在对试图通过量化、减少和抵消源自特定标的物的温室气体（GHG）排放的方式证明碳中和的任何实体，明确规定了需满足的要求，于2010年4月生效。主要预期作用在于：加强消费者保护，增加应对气候变化的行动，准确且可验证的碳中和声明，防止误导；减少贸易伙伴间的混淆，增加实体企业改善其生产过程和产品方面碳管理的可能性，以应对源自客户方面的压力；增加公众、消费者、购买者和潜在购买者做出更明智选择的机会。其领域包括产品、组织、社区、旅行、活动、项目和建筑，并不局限于企业、产品或服务，适用于任何实体成场所。

该准则引入“碳中性”（Carbon Neutral）这一概念，将其定义为“标的物温室气体排放导致大气中全球温室气体排放量净增长为零的情形”，而处于碳中性的状态即碳中和。碳中和证明的流程如图7.9所示，图中起点和终点均为碳中和宣告，起点是碳中和承诺宣告，进行这类宣告的实体须建立宣告标的物的碳足迹报告，并且拟定碳足迹管理计划（CFM Plan），以描述该标的物将如何达到碳中和；终点为碳中和达成宣告，进行这类宣告的实体须实际完成减量行动，并抵换（Offset）残余排放量（Residual Emissions）。此种宣告只针对某时间范围内的特定范畴。

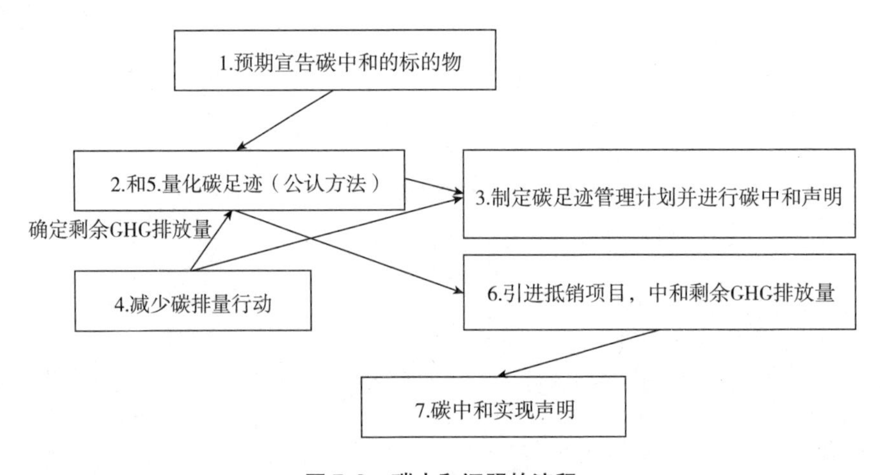

图7.9 碳中和证明的流程

PAS2060 目前针对抵换额度的来源，仅认可符合京都议定书体系的四种额度，以及非京都议定书体系的两种额度，如 VCS 与 Gold Standard。

7.4.5 国际碳足迹评价标准与规范的比较

温室气体核算体系（GHG Protocol）、商品和服务在生命周期内的温室气体排放评价规范（PAS2050）、碳中和承诺新标准（PAS2060）、产品碳足迹国际标准（ISO14067）的比较如表6.6 所示。各类国际标准的共同点在于，无论是针对产品还是实体层面，其碳足迹核算均以生命周期法（LCA）为基础，以便对产品或公司的碳足迹进行全面的清单分析与过程计量。因此，在这些标准的实际应用中，应对生命周期法所存在的局限性加以规避和克服。

表 7.6　国际碳足迹评价标准与规范的比较

名称	GHG Protocol			PAS2050	PAS2060	ISO14067
	Corporate	Value chain	product			
时间	2004 年	2011 年	2010 年	2008 年	2010 年	2014 年
适用	组织	供应链	产品	产品、服务	组织、产品、服务	产品、服务
制定	WRI/WBCSD	WRI/WBCSD	WRI/WBCSD	BSI	BSI	ISO
报告	外部报告	内部报告 外部报告	碳标签	内部报告	外部报告	外部报告
核算	对终端排放源的监测和审计	基于 LCA 法分析排放源	基于 LCA 法分析排放源	基于 LCA 法分析排放源	基于 LCA 法分析排放源	基于 LCA 法分析排放源

7.5 企业碳足迹审计标准应用的国际比较

7.5.1 企业碳足迹审计标准及其应用

（1）英国。

早在2009 年，英国的环境、食品和农村事务部（Defra，Department for Environment，Food and Rural Affairs）和能源与气候变化部（DECC，the Department for Energy and Climate Change）公布的“温室气体排放计量和报告指南”

已经具体说明了各类规模的企业、公共组织和志愿者组织进行低碳审计的一般原则和具体要求（Defra，2009a①）。该指南以温室气体协定（GHG Protocol）为基础，将温室气体排放活动归为三类：直接的，间接的和其他活动产生的温室气体。对于范围三的温室气体采用选择性报告。核定温室气体时，其排放因子应当以环境、食品和农村事务部（Defra）或能源与气候变化部（DECC）的温室气体转换因子为参考依据（Defra，Department for Environment，Food and Rural Affairs，2009b②）。可用于温室气体计算的工具有 Defra/DECC 的电子表、碳信托的在线碳计算工具。

根据英国的《气候变化法案》（2008）第 85 条，受 2006 年《公司法案》第 385（2）条款调整的上市公司董事会报告要将公司范围内经营活动所产生的温室气体排放情况包含在内。英国企业的碳足迹强制性规范——《温室气体排放条例——董事会的报告（2013）》（The Greenhouse Gas Emissions（Directors' Reports）Regulations）对于董事会报告中关于碳排放信息披露的主要规定如下：董事会报告必须陈述每年直接由以下公司任何活动导致的排放物的 CO_2 当量吨数：①由公司所拥有或控制的任何设施，运营的机器设备所需要的燃料，此处"设施"包括：一是建筑物及其结构、部分建筑物及其结构，土地，车辆或容器。二是公司所拥有或控制的任何交通工具、机器设备的使用。三是公司所进行的任何生产过程的操作或控制。②年度报告中关于排放数量的陈述必须是直接或间接从上述活动中产生的泄漏或溢出的排放量。③董事会报告必须呈报公司外购电、热、蒸汽或冷却所排放的 CO_2 当量吨数。在计算温室气体排放量的方法上，要求董事会报告必须陈述用于计算 CO_2 当量的方法，还必须陈述报告所包含的相关信息均是公司遵循以下准则或法规的结果：一是气候变化协定（合格的设施）条例（the Climate Change Agreements（Ellgible Facilities）Regulations 2006（a））。二是温室气体排放数据和国家履约措施规定 2009（b）（the Greenhouse Gas Emissions Data and National Implementation Measures Regulations 2009（b））。三是 CRC 能源效率计划订单 2010（c）。（the CRC En-

① Department for Environment Food and Rural Affairs, Guidance on how to measure and report your greenhouse gas emissions, Department for the Environment Food and Rural Affairs, UK: London. 2009a

② Department for Environment Food and Rural Affairs, Guidelines to Defra / DECC'S Factors, Department for Environment Food and Rural Affairs, UK: London. 2009b

ergy Efficiency Scheme Order 2010（c））。同时，董事会报告必须呈报强度比，即一家公司每年的排放物经量化因子转化后与公司活动之间的关联度。董事会报告必须在第一年以后的后续年度均重复第一年已披露的相关信息，每一后续年度的报告均必须呈报第一个报告年度以来相关信息是否加以重新计算。

英国碳排放相关法规、标准、指南的发展，上市公司低碳信息报告制度的完善，企业低碳审计的会计确认与计量基础和技术计量基础的逐步夯实，使英国的企业低碳审计已开始从自愿性、选择性迈向法制化、强制性。

（2）澳大利亚。

澳大利亚《国家温室气体和能源报告法案（2007）》（NGER Act，National Greenhouse and Energy Reporting ACT）要求所有的控股公司（Controlling corporations）一旦其集团温室气体排放或者产生或消耗的能源达到或超过指定财年的规定水平，必须申请在温室和能源数据局注册。气候变化部颁布了《国家温室气体和能源报告指南》（2008）[①] 和《国家温室气体和能源报告（计量）技术指南》（2009a）。[②] 同时发布了《国家碳中和标准》（NCOS，National Carbon Offset Standard），[③] 于2010年1月开始施行（Department of Climate Change，2010），这一标准建立在澳大利亚 ISO14064 系列标准、国际标准 ISO14040 系列标准和 ISO14065、温室气体协定（GHG Protocol）和温室气体和能源报告法案（NGER Act，2007）的基础上，为愿意通过采取措施减少碳排放，为碳中和组织或开发碳中和产品的企业提供指南。

根据《国家温室气体和能源报告法案（2007）》，企业应计算京都协定书所规定的六类温室气体的排放，这些排放物的归类同温室气体协定的范围一、范围二、范围三相似，但要求企业对于范围三的排放源计算时至少应当包括：员工开展业务所需要的商务交通，企业废弃物资的处置以及业务活动中纸张的使用。该法案建立了国家温室气体和能源报告系统，为澳大利亚企业集团的温室气体排放、能源消耗和能源生产活动提供了一个全国性报告框架。

---

① Department of Climate Change，National Greenhouse and Energy Reporting Guidelines，Department of Climate Change，Australia. 2008.

② Department of Climate Change，National Greenhouse and Energy Reporting System Measurement：Technical Guidelines，Department of Climate Change，Australia. 2009.

③ Department of Climate Change，National Carbon Offset Standard，Department of Climate Change，Australia. 2010.

根据《国家温室气体和能源报告法案（2007）》第10（3）条，澳大利亚2008年发布了《国家温室气体和能源测定》标准（The National Greenhouse and Energy Reporting (Measurement) Determination 2008），提供了对温室气体排放，能源生产和能源消耗进行测量的辅助方法或标准。按此标准，对范围一温室气体排放计算时，可选择的方法包括：①运用从最新版本的《国家温室气体计量因子》(National Greenhouse Account Factors) 中获取排放因子。②运用行业抽样和澳大利亚或《国家温室气体和能源测定（2008）》标准所列出的国际标准加以分析。③运用澳大利亚或《国家温室气体和能源测定（2008）》所列举的国际标准中关于燃料及原材料的选样与分析方法。④对持续或按时间段进行监控的排放物进行直接测量。该标准要求碳中和方法、项目和碳足迹的计算应当由合适的具有合法资格的审计师来实施审计。

澳大利亚也开发了国家温室气体和能源报告系统计算器，为已注册企业进行《国家温室气体和能源报告法案（2007）》遵循情况的自我评估提供在线工具。企业只要注册即须通过在线系统中的全面活动报告系统（OSCAR，Online System for Comprehensive Activity Reporting）提交报告，企业可以根据这种基于网络的数据工具获取其能源和排放数据，以计算其温室气体的排放。

7.5.2 产品碳足迹审计标准及其应用

（1）日本。

TS Q 0010—产品碳足迹评价与碳标签总则（General principles for the assessment and labeling of Carbon Footprint of Products），2009年4月由日本标准协会（Japanese Standards Association，JSA）发布，只是一项技术规范，而非正式标准。包括产品碳足迹量化和沟通基本准则（TS Q 0010：2009）和产品分类规则（Product Category Rules，PCR，2009），前者是对产品碳足迹量化方法和过程加以规范性指导，后者则是使产品碳足迹量化保持一致性的支撑性文件，两者均可用于所有的商品和服务项目。TS Q 0010适用于所有产品和服务，计量范围仍为京都协定书所包括的六种温室气体，对生命周期的划分包括了B2C和B2B两类，参考的标准包括ISO14040和ISO14044，对于温室气体排放的计量采取下式：

GHG排放量 $= \sum$（活动水平$_i$ × GHG排放因子$_i$），i表示某一特定过程

对于获取的二手数据应当注明所收集数据的产生阶段和范围，收集的地点和所属时间，根据产品分类规则选择分配方法。产品碳足迹标签应标明某一产品排放的 CO_2 当量的绝对值。

（2）中国台湾地区。

自 2009 年 4 月开始对产品碳足迹的国际标准、规范和相关研究成果进行研究，对产品碳足迹方法收集数据并分析，通过多次专家技术咨询会议，在 2009 年底形成台湾产品碳足迹规范的最终版本，并于 2010 年 1 月公布。台湾产品碳足迹规范的结构包括一般原则、产品碳足迹方法、排放源和碳中和、数据和计算、报告和鉴证。适用于一切产品和服务，包括六类温室气体。生命周期的分类包括 B2C、B2B 和其他，其制定依据包括 ISO14040/14044、ISO14025、ISO14064－1、PAS2050。对温室气体进行计算的方法是：GHG 排放物 × 全球增温趋势 GWP（100 年的时间范围）。分配方法上有三类，一是根据单元过程分配；二是采用扩大产品体系的分配法；三是根据产品和功能之间的关联进行分配。产品碳足迹的结果可由第三方鉴证，也可进行自我或他方评估。产品碳足迹的计量过程与 PAS2050 基本类似，包括清单编制、边界设定、数据收集、计算和报告这五个基本步骤。与 PAS2050 的不同在于，台湾的这一规范不包括直接或间接的土地使用变化引致的温室气体排放物的增长，这一不同可能会影响到农产品和食物的碳足迹评价。

7.6 我国企业碳足迹审计的案例分析

A 企业是以电脑机箱生产作为主打产品的制造企业，企业注册资金 5000 万元，员工 700 人。该企业有完备的会计核算体系，但目前碳核算并未纳入会计核算中。由于该企业处于电脑成品供应链的上游，所生产产品 80% 销往欧美。因此，随着国际社会对企业与产品碳足迹越来越重视，此类企业做好碳排放审计将有利于其产品保持良好的国际竞争态势。基于生命周期法，下面将结合 ISO14064 系列标准和 GHG 协定来介绍企业低碳审计及产品低碳审计的技术与方法。

7.6.1 企业碳排放清单编制目标及设计

该企业产品 80% 用于欧美出口，开展低碳审计有利于企业及早发现企业

生产过程与产品碳足迹分布情况，从而制定碳减排计划，识别未来与碳排放有关风险和性价比高的碳减排机会，同时该企业拟公开报告和参与自愿性温室气体减排计划，提高其产品的国际竞争力。

7.6.2 边界的确定

企业的边界确定包括组织边界和运营边界的确定。A 企业的组织边界为：该企业的组织边界以总厂、一分厂、二分厂为限，运营边界则包括了三个厂区持有或控制的建筑、运输车队、发电机组的碳排放。

7.6.3 碳排放清单编制

编制碳排放清单前，应当识别 A 企业的碳排放项目，这里可采用生命周期法，根据企业经营活动的生命周期来一一分析每一个阶段的碳排放活动。由于该企业的成品是电脑机箱，处于供应链的上游，其经营活动从生命周期的视角来分析，包括原料采购期、生产期、销售期、售后与报废回收期。各个阶段的主要碳排放活动包括：采购期需要进行钢材、塑胶料等原料的运输，生产期产品的生产依次需要经过机壳工艺、面板工艺、包装工艺，生产管理需要照明用电，销售期需要进行成品的运输等。此外，售后与报废回收期内，销售产品的使用和回收也是需要考虑的。表 7.7 分析总结了 A 企业的碳排放项目，根据范围一（直接碳排放）和范围二（间接碳排放）、范围三（其他间接排放）编制了碳排放清单。

表 7.7　　A 企业碳排放清单

排放范围	排放源	主要碳排放项目
范围一：直接碳排放	运输车队	1. 原料运输： ①钢材运输 ②塑胶料运输 2. 成品运输
	发电机组	发电机组

续表

排放范围	排放源	主要碳排放项目
范围二：电力产生的间接碳排放	外购电力	1. 生产工艺用电： ①机壳工艺 ②面板工艺 ③包装工艺 2. 办公照明用电
范围三：其他间接碳排放	企业供应链上游	①购买商品和服务 ②生产资料 ③燃料和能源相关的活动 ④上游运输与分配 ⑤运营产生的废弃物（与碳排放与关的） ⑥商务旅行（里程数与交通工具） ⑦员工上下班交通（里程数）
	企业供应链下游	①员工上下班交通（里程数） ②销售产品的加工 ③销售产品的使用 ④产品使用寿命结束时的处理（回收）

7.6.4 识别和计算碳排放量

我们运用“碳排放量 = 活动数据 × 碳排放因子 × 全球增温潜势（GWP）”来计算具体项目的碳排放情况，此时全球增温潜势（GWP）为 1。首先确定活动数据，通过实地调查获取的碳排放活动水平数据汇总在表 7.8 中，但由于目前碳排放的会计核算体系尚未建立，因此对上游和下游企业的间接碳排放活动数据难以收集，我们只收集了范围一和范围二的碳活动水平数据，暂未纳入范围三的相关数据。A 企业的主要碳排放活动包括运输过程和发电过程耗用的柴油和生产及办公用电，根据计算，范围一直接碳排放的主要排放源在于柴油的消耗，共 237000 升，合 199080 千克（密度按 0.84 计算），碳排放因子为 3.0959，由此可得范围一的总体碳排放量为 616331.772；范围二主要是电力消耗，根据国家发改委［2011］1041 号文件提供的《省级温室气体清单编制指南》所公布的排放系数，A 企业地处深圳市，属南方区域电网供电，平均 CO_2

排放系数为 0.714 每度电，由此可得总排碳量为 363426 千克。

表 7.8　　企业碳排放量的核算

排放范围	排放源	具体碳排放项目	碳排放活动水平数据（月平均）	排放因子 Co_2kg	碳排放量 kg
范围一：直接碳排放	运输车队	1. 原料运输： ①钢材运输 ②塑胶料运输 2. 成品运输	128000L 柴油 10000L 柴油 4000L 柴油	3.0959 /kg	332871.168 332556 10402.224
	发电机组	发电机组	5000L 柴油	3.0959/kg	13002.78
小计			237000L	3.0959/kg	616331.772
范围二：电力产生的间接碳排放	外购电力	1. 生产工艺用电：	479000 度	0.714/度	342006
		①机壳工艺	169000 度		120666
		卷料	5000 度		3570
		冲裁	10000 度		71400
		冷冲压	50000 度		35700
		酸洗脱酯	10000 度		7140
		水洗	4000 度		2856
		②面板工艺	300000 度		214200
		注塑成形	250000 度		17850
		烤漆印刷	48000 度		34272
		组装	2000 度		1428
		③包装工艺	10000 度		7140
		裁剪	8000 度		5712
		组装	2000 度		1428
		2. 办公照明用电	30000 度		21420
小计			509000 度	0.714/度	363426
碳排放合计					979757.772

7.7　我国企业低碳审计的技术标准体系建设

2013 年，我国深圳、上海、北京、广东、天津先后建立了碳交易市场，允许企业与企业之间通过碳交易来流通碳减排量指标，交易市场有强制性市场和自愿市场之分，前者是指制定了温室气体排放上限的国家或地区，控排主体为达到合规目的而进行的碳交易，包括两大类，一是基于配额的交易，买方在“总量管制与交易”前提下购买排放配额，这一配额由管理者制定、分配或拍卖。二是基于项目的交易，在“总量管制与交易”的前提下，控排主体向可证实减少低温室气体排放的项目购买经核证的减排量指标，作为自身排碳量的抵扣，达到合规性目标。后者是指企业出于对社会责任、品牌树立等目的，自愿减排产生减排量指标，另一方自愿购买而形成碳交易。目前，我国碳交易主要是总量管理与交易下的强制交易，由央企和国企引领，也有少数自愿购买减提量的企业，如大成食品亚洲有限公司自2009年开始邀请第三方对其产品进行碳排放分析，并推出碳足迹标识产品，沃尔玛和乐购也推出了碳足迹标识产品等，因此，我国企业低碳审计的技术标准建设体系应同时适用于强制市场和自愿市场，主旨在于为碳交易市场提供碳排放信息的第三方鉴证，从而维护碳交易市场的良性秩序，引导低碳产业的发展，优化产业布局。

我国企业低碳审计的技术标准建设体系应涵盖企业组织的碳足迹审计、产品碳足迹审计及项目碳足迹审计。借鉴国际碳足迹评价标准及已有审计准则，三类审计标准分别应当涵盖以下具体内容（表7.9）。

表7.9　企业低碳审计的技术标准体系建设

项目	可借鉴的规范与标准	建设内容	适用
企业组织的碳足迹审计	温室气体核算体系企业核算与报告的流程与范围、企业价值链（范围三）核算和报告标准、碳中和规范（PAS2060）	企业组织温室气体核算与报告标准	所有企业
		企业价值链的核算和报告标准	需要核算范围三温室气体的企业
		企业组织碳中和审计标准	所有拟达碳中和的企业
产品碳足迹审计	产品生命周期核算和报告标准、商品和服务在生命周期内的温室气体排放评价规范（PAS2050）、ISO14067	产品和服务的温室气体核算和报告标准	所有产品和服务
		产品碳中和审计标准	所有拟达到碳中和的产品或服务
项目碳足迹审计	温室气体核算体系项目量化方法、碳中和规范（PAS2060）	项目温室气体核算和报告标准	所有项目
		项目碳中和审计标准	所有拟达到碳中和的项目

7.8 本章小结

企业碳足迹审计从其客体形态来分，可以分为公司碳足迹审计和产品碳足迹审计两类。碳足迹的评价方法现有生命周期法、环境投入产出法和投入产出—生命周期法，三类方法各具特点。国际上已有《温室气体核算体系》（GHG Protocol）、《生命周期内温室气体排放评价规范》（PAS2050）、ISO14067、碳中和规范（PAS2060）等碳足迹评估规范、技术标准，对这些规范与技术标准的比较分析，对英国、澳大利亚的企业碳足迹审计和对日本、中国台湾的产品碳足迹审计的应用的比较分析，为我国低碳审计的技术标准体系建设提供了借鉴。同时选取我国制造业的例子进行了碳足迹审计的实例分析，结合我国最新发布的《生态文明体制改革总体方案》得出，我国应该尽快出台全国统一的温室气体核算标准。

第8章

我国企业低碳审计的实现路径

本章运用进化博弈论分析“双向四方审计关系”的审计模式在企业低碳审计不同初始配置环境下的发展趋势，然后对低碳审计的演化特征展开考察，在此基础上确定我国企业低碳审计的宏观实现路径，并进一步探讨低碳审计在企业层面的微观实现路径。

8.1 我国企业低碳审计的进化博弈模型

进化博弈论融合了生物进化论与传统博弈理论，由 Maynard Smith 和 Price (1973) 提出，它将博弈参与者视为具有“有限理性”的个体，认为博弈方需经过长期的反复模仿和学习才能达到最优化行为①。从低碳审计的过渡性特征可知，企业低碳审计不是一蹴而就的，企业可作为进化博弈主体，即企业推行低碳审计时，企业自身可视为“有限理性”的博弈参与者，其具有对低碳审计进行反复试验、学习、模仿与调整策略的能力，这里“策略”是指一个个体在自己所知的处境中，对它将采取的行动做出的一个设定。在长期的反复模仿与学习过程中，企业会根据初始配置环境和自身的效用函数来调整策略，实施低碳审计的企业数量也将处于不断变化中。建立我国企业推行低碳审计的进化博弈模型，将有助于我们分析在不同的初始配置环境下，企业低碳审计的发展趋势，从而推理出我国企业实施低碳审计的最优化路径。

① Maynard Smith & Price (1973), Evolution and the Theory of Games [M], 潘春阳译，复旦大学出版社。

8.1.1 我国企业低碳审计的初始配置环境分析

从国际低碳审计的实践来看，与传统的财务审计不同，传统的财务审计建立在会计确认与计量的基础之上，是对企业发生的经济业务在会计认定的基础上进行的再认定，低碳审计并没有等到碳会计的整套程序和方法出台，而是先行一步。其主要原因在于，低碳审计的兴起在碳交易市场的建立之前，而在碳交易价格无法取得、排碳权无法准确计量的情况下，会计确认和计量上的复杂程度远远高于一般经济业务。此外，全球气候变化、环境恶化的客观事实使得气候协定的各成员国有现实的紧迫感，协定本身也对排碳问题形成了硬约束，低碳审计便先于碳会计而生。但从长远来看，目前我国已经逐步建立碳交易市场，在碳交易市场全面建立、碳交易逐渐活跃起来以后，碳会计制度也将逐步建立与完善，为低碳审计体系提供更好的数据基础。

为便于分析，我们将低碳审计的初始环境分为两种类型：Ⅰ类初始环境和Ⅱ类初始环境。Ⅰ类初始环境是指国内碳会计制度尚未建立，国内消费者低碳意识较薄弱，主要运用以价值量度的成本与效益原则对低碳产品进行理性选择，此时国际市场上对于产品的碳足迹和企业供应链已开始实施管制。Ⅱ类初始环境是指国内建立了碳会计制度，消费者低碳意识增强，在产品选择上存在“用脚投票”的理性行为。在低碳审计上，两者的区别在于，在Ⅰ类初始环境下没有会计制度，缺乏对碳的完整会计核算和会计基础数据，低碳审计属于自发式，审计需要从头开始建立全面排碳清单，成本较高，但此时低碳审计会为企业树立良好形象，同时获得开拓国际市场份额的机会。在Ⅱ类初始环境下会计制度健全，低碳审计可以根据碳排放与交易的会计基础数据施行，审计属于常规业务，审计成本降低。

8.1.2 模型的基本假设

某一行业的所有企业可以看作是一个以该行业中的企业为有限理性的大群体进行随机配对的对称博弈，也就是说，在这一大群体中无角色区分，博弈的收益只依赖于选手所选择的策略而不依赖于进行博弈的选手。在保持问题本质不变的前提下，对模型做出以下基本假设。

①在Ⅰ类初始环境下，国内消费者低碳意识薄弱，低碳审计实施与否不影响消费者的行为。在Ⅱ类初始环境下，消费者低碳意识加强，企业是否施行低碳审计将影响其消费行为。

②任一特定行业均包括两类企业，一类实施低碳审计，另一类则不实施低碳审计。企业是有限理性的个体，会根据市场份额的变化调整自身的策略。

③实施低碳审计是进入国际市场获取收益的先决条件。当行业内只存在一类企业时，如果所有企业均实施低碳审计，博弈双方将平分国内市场收益 R 和国外市场收益 E，但此时需要负担审计成本 c，c 介于 0 和 1 之间，为 R 和 E 的固定比率；如果所有企业均不实施低碳审计，则博弈双方平分国内市场收益 R。R、E >0。

④当行业内同时存在两类企业时，在Ⅰ类初始环境下，其他条件均相同，但实施低碳审计会承担额外审计成本，设审计成本为 c_1（$c_1 > c_2$，c_3），较不实施的企业可获得国外市场的收益 E。在Ⅱ类初始环境下，其他条件均相同，但实施低碳审计的企业需承担审计成本 c_2，可获国外市场收益 E。不实施低碳审计需要承担惩罚成本 F。

⑤在博弈的初始状态，企业选择实施低碳审计的可能性为 P，选择不实施的可能性为（1 - P）。

8.1.3 Ⅰ类初始环境下企业策略选择的进化博弈

表 8.1 为Ⅰ类初始环境下企业各类策略的得益矩阵，任一博弈方的得益均取决于自己的类型和随机配对时遇到的对手类型。当行业中只存在一类企业时，企业 1 和企业 2 采用相同的策略，两者均实施低碳审计时，会平分国内国际市场的收益，同时承担与收益成比例变化的审计成本；两者均不实施时，则不需要付出审计成本，但只能平分国内市场收益。在一家企业实施，而另一家不实施的情况下，实施的企业获得国内一半的收益和国外市场的全部收益，同时按收益的比率 c_1 承担审计成本，而不实施的企业则仅获国内一半的收益。

表 8.1　　I 类初始环境下企业的低碳审计策略

企业	U_A	U_N
U_A	$(R+E)(1-c_1)/2,(R+E)(1-c_1)/2$	$(E+R/2)(1-c_1), R/2$
U_N	$R/2, (E+R/2)(1-c_1)$	$R/2, R/2$

$$U_{A1} = P/2(R+E)(1-c_1) + (1-P)(R/2+E)(1-c_1) \quad (8.1)$$

$$U_{M1} = P(R/2) + (1-P)(R/2) \quad (8.2)$$

$$U_{AA1} = P[P/2(R+E)(1-c_1) + (1-P)(R/2+E)(1-c_1) + R/2(1-P)] \quad (8.3)$$

构建企业实施低碳审计策略的复制动态方程如下：

$$F(P) = dp/dt = P(U_{A1} - U_{AA}) = P(1-P)[P/2(R+E)(1-c_1) + (R/2+E)(1-c_1) - R/2] \quad (8.4)$$

令 F（P）=0，由（8.4）式可得复制动态方程的稳定状态，$P_1^*=0$，$P_2^*=1$，$P_3^*=(2E\,c_1-2E+R\,c_1)/(E\,c_1-E)$，P 的取值为 0 到 1，在 P_3^* 中，当 $c_1=2E/(2E+R)$ 时，P_3^* 退化为 P_1^*，当 $c_1=E/(E+R)$ 时退化为 P_2^*，当 $E/(E+R)<c_1<2E/(2E+R)$ 时，P_3^* 为稳定状态。

对 F（p）求导得：

$$dF(p)/dt = (1/2)(R+E)(1-c_1)(2P-3P^2) + (3P-1)(P-1)(R/2+E)(1-c_1) - R/2 + R\times P \quad (8.5)$$

将 P_1^*、P_2^*、P_3^* 的取值分别代入（8.5）式，分析与结果如下：

$P_1^*=0$ 时，$dF(p)/dt=E-(E+R/2)\times c_1$，此时，如果 $c_1\geqslant 2E/(2E+R)$，则 $dF(p)/dt\leqslant 0$，P_1^* 是进化稳定点。也就是说低碳审计成本 c_1 相对较高的情况下，不实施低碳审计的企业的比例将不断增加，即使在初始时刻 $P\neq 0$，但随着时间的变化，P 将趋向于稳定点 $P_1^*=0$ 演化。

$P_2^*=1$ 时，$dF(p)/dt=R/2$，$dF(p)/dt>0$，P_2^* 不是进化稳定点。也就是说，在 I 类初始环境下，企业不会整体向实施低碳审计的策略演化。

$P_3^*=(2Ec_1-2E+Rc_1)/(Ec_1-E)$ 时，$dF(p)/dt=-[2E(1-c_1)-Rc_1]\times[(R+E)/2E]\times[4E(1-c_1)+3Rc_1]/E(1-c_1)-[2E(1-c_1)-Rc_1]/E(1-c_1)\times$

$[Rc_1(E+R/2)]/E-[3E(1-c_1)-2Rc_1]/[2E(1-c_1)]\times R$，此时，当 $c_1 \leqslant 3E/(3E+2R)$ 且 $E/R \geqslant 2/3\times[c_1/(1-c_1)]$ 时，即审计成本较低且国外市场的收益占国内市场收益的比例至少在 2/3 以上时，即便初始时刻 $P\neq(2Ec_1-2E+Rc_1)/(Ec_1-E)$，但随着企业之间的学习与模仿，最终 P 将向稳定点 $P_3^*=(2Ec_1-2E+Rc_1)/(Ec_1-E)$ 演化，此时该点为进化稳定点，有 $(2Ec_1-2E+Rc_1)/(Ec_1-E)$ 比例的企业将采取实施低碳审计策略。

8.1.4 Ⅱ类初始环境下企业策略选择的进化博弈

表 8.2 为Ⅱ类初始环境下企业各类策略的得益矩阵。若企业 1 和企业 2 采用相同的策略，当两者均实施低碳审计时，会平分国内国际市场的收益，同时承担与收益成比例变化的审计成本；当两者均不实施时，不需要付出审计成本，但要承担罚款 F，同时推动国际市场收益。在一家企业实施，而另一家不实施的情况下，实施的企业获得国内一半的收益和国外市场的全部收益，同时按收益的比率 c_2 承担审计成本，这一环境下，消费者的低碳意识强烈，因此不实施的企业则无法获得任何收益。

表 8.2　　Ⅱ类初始环境下企业的低碳审计策略（一）

企业	U_A	U_N
U_A	$(R+E)(1-c_2)/2, (R+E)(1-c_2)/2$	$(R+E)(1-c_2)$，0
U_N	0，$(R+E)(1-c_2)$	$-F$，$-F$

$$U_{A2}=(1-P/2)(R+E)(1-c_2) \tag{8.6}$$

$$U_{M2}=(1-P)(-F) \tag{8.7}$$

$$U_{AA2}=P\cdot(1-P/2)(R+E)(1-c_2)+(1-P)^2\times(-F) \tag{8.8}$$

构建在Ⅱ类初始环境下企业实施低碳审计策略的复制动态方程如下：

$$F(P)=dp/dt=P(U_{A2}-U_{AA2})=P\times(1-P)\times[(1-P/2)(R+E)(1-c_2)+(1-P)(-F)] \tag{8.9}$$

令 $F(P)=0$，由（8.9）式可得 $P_1^*=0$，$P_2^*=1$，$P_3^*=1+(R+E)(1-c_2)/[(R+E)(1-c_2)-2F]$，根据 F，R，$E>0$，$0\leqslant c_2\leqslant 1$，可知 $P_3^*>2$，由于 P 是介于 0 与 1 之间的概率，因此 P_3^* 不是稳定点，此处稳定点为 $P_1^*=0$ 和

$P_2^* = 1$。

对 F（p）求导得：

$$dF(p)/dt = (R+E)(1-c_2)[1-3P+3P^2/2] + F(1-4P+3P^2) \quad (8.10)$$

将 P_1^*、P_2^* 的取值分别代入（8.10）式，分析与结果如下：

当 $P_1^* = 0$ 时，$dF(p)/dt = (R+E)(1-c_2) + F > 0$，此时为非进化稳定点。当 $P_2^* = 1$ 时，$dF(p)/dt = -1/2(R+E)(1-c_2) \leqslant 0$，即在该类环境下，企业会自然而然地选择接受低碳审计，获得国内国外两类市场的收益，同时避免受到处罚。

值得注意的是，在Ⅱ类初始环境下，企业向实施低碳审计策略的演化并不受处罚大小的影响。为证实这一点，我们假设两者均不实施低碳审计时的得益为（0，0），即不存在强制性的违规处罚，实施审计的成本为 c_3。表 8.3 列示了Ⅱ类初始环境下企业的低碳审计策略，与表 8.2 不同的是，不实施的企业不存在违规性处罚成本。

表 8.3　　Ⅱ类初始环境下企业的低碳审计策略（二）

企业	U_A	U_N
U_A	$(R+E)(1-c_3)/2, (R+E)(1-c_3)/2$	$(R+E)(1-c_3), 0$
U_N	$0, (R+E)(1-c_3)$	0, 0

此时，实行低碳审计与不实行及平均的得益计算如下：

$$U_{A3} = (1-P/2)(R+E)(1-c_3) \quad (8.11)$$

$$U_{M3} = (1-P)(-F) \quad (8.12)$$

$$U_{AA3} = P \cdot (1-P/2)(R+E)(1-c_3) + (1-P)^2 \times (-F) \quad (8.13)$$

根据（8.11）至（8.13）式，构建这类情况下的复制动态方程如下：

$F(P) = dp/dt = P(U_{A2} - U_{AA2}) = P \cdot (1-P) \times [(1-P/2)(R+E)(1-$
$c_3)$

令 F（P）=0，由（8.14）式可得 $P_1^* = 0$，$P_2^* = 1$，$P_3^* = 2$，根据 F，R，$E > 0, 0 \leqslant c_3 \leqslant 1$，由于 P 是介于 0 与 1 之间的概率，因此 P_3^* 不是稳定点，此处稳定点为 $P_1^* = 0$ 和 $P_2^* = 1$。

对F（p）求导得：$dF(p)/dt=(R+E)(1-c_3)(P-3P+3P2/2)$，$P_1^*=0$时，$dF(p)/dt=(R+E)(1-c3)>0$，不是进化稳定点。$P_2^*=1$时$dF(p)/dt=-3/2(R+E)(1-c3)\leqslant 0$，为进化稳定点。也就是说，在Ⅱ类初始环境下，即便不存在对未实施审计的企业的违规性处罚，企业也会自觉效仿实施低碳审计的企业，最后全行业向实施审计的策略演化。

8.2 我国企业低碳审计发展的路径

8.2.1 我国企业低碳审计发展的主要类型

根据前文对于低碳审计应用理论的分析，企业的低碳审计从审计主体来看主要有独立审计和内部审计。我国的独立审计在企业低碳审计中，未来可以承担第三方鉴定的角色，其主要的低碳审计活动涉及企业碳排放报告的鉴证、企业产品碳足迹的鉴证、企业碳中和的鉴证等。碳独立审计体系依附于现在独立审计体系而构建，审计委托关系与现行独立审计相同，主要采用市场化模式，由会计师事务所接受低碳审计委托，通过执行合同达到审计目标。不同之处是审计的内容与人员资格的要求，审计针对企业组织或产品的碳排放及其碳交易，也可能涉及最终的碳中和信息，这些均属于非财务信息的审计，与传统的财务审计的客体内容区别较大。低碳审计人员应当具备低碳审计资格，目前我国低碳审计资格的认定为国家人保部颁发的低碳审计师证书。

企业内部审计的功能也可以向低碳审计拓展，并且成为低碳审计体系中的一个环节。其主要原因在于：第一，传统内部审计与低碳审计的本质是同一的。根据国际内部审计师协会（IIA，2011）对内部审计的定义“一种独立、客观的确认和咨询活动，旨在增加价值和改善组织的运营。它通过应用系统的、规范的方法，评价并改善风险管理、控制及治理过程的效果，帮助组织实现其目标”可知，内部审计的本质是组织的风险管理活动。碳排放问题，也是对碳排放引起的生态风险的预防、控制和治理，是对企业生态合法合规性的管理活动。从组织的微观层面来看，实施对组织的低碳审计，其根本的驱动力在于减少组织未来的资产流出，从而保护与增加组织的价值，由此低碳审计与传统内部审计的本质具有同一性。第二，内部审计与低碳生态问题监控主体特征相契合。低碳生态问题呈现出日趋广泛、多样化、严重化的特征，而内部审

计是社会组成基本单元的内部“免疫”系统，其组织的广泛性、系统性、全面性，具评价结果的行动导向性决定了其最适合承担企业低碳问题的“卫道士”之职责，能对企业及社会各类组织日常活动涉及的碳排放进行适时的引导、监控、反馈与应对。

8.2.2 各类企业的低碳审计发展路径

为分析我国低碳审计在企业这一微观层面的实施路径，根据审计客体的复杂程度可以将低碳审计分为三个层次（如图 8.1 所示）：第一层次为国内独立企业，指供产销一条龙，企业的主要业务活动只涉及本企业与消费者的企业；第二层次为非循环经济下供应链上的企业，如原料供给与销售需要上游与下游企业的参与，但又尚未依照循环经济理念来建立供应链；第三层次为循环经济中的企业，循环经济是一种“资源—产品—再生资源”的反馈式或闭环流动的经济模式，工业领域是循环经济的前沿实践阵地，如生态工业园区的企业、循环型社会中的企业等，这类企业通过供应链的改进与完善，减少供产销过程中对废物的生成和对环境负面影响。

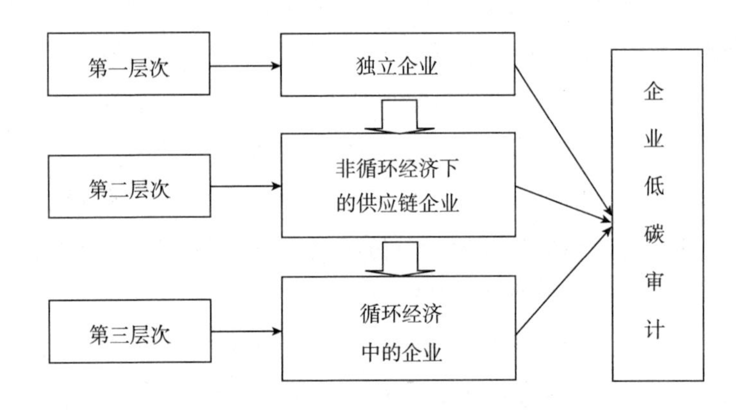

图 8.1 企业低碳审计的三个层次

对于国内独立企业，由于其供产销不与其他企业存在较大关联，为相对独立的主体，因而可以建立碳内部审计机制，对本企业的碳排放进行定期核查与报告，以防止碳排放超标与违规情况的发生。在碳排放制度逐步完善以后，对于上市企业，还可能需要聘请独立低碳审计师进行碳排放报告的鉴证。

对于非循环经济供应链上的企业，这些企业包括提供原材料等供应活动的上游企业、进行生产活动的生产企业、进行分销与消费活动的下游企业以及进行运输活动的物流企业。《企业价值链（范围三）核算和报告标准》为价值链上的各类企业核查范围三的碳排放提供了清晰的清单，对于企业组织的低碳审计，可以由各类企业按照清单逐一分析与盘查；而对于产品碳足迹的审计，如图 8. 2 所示，则需要有低碳审计中心，从整个产品生成的企业价值链来看，生产企业由于处在上游与下游企业的中间环节，可以与上游和下游企业直接进行数据交换与结算，因此最适合设置产品低碳审计中心，对所生产产品从供应、生产和运输及分销与消费的全生命周期碳排放进行数据的测定收集与核算。

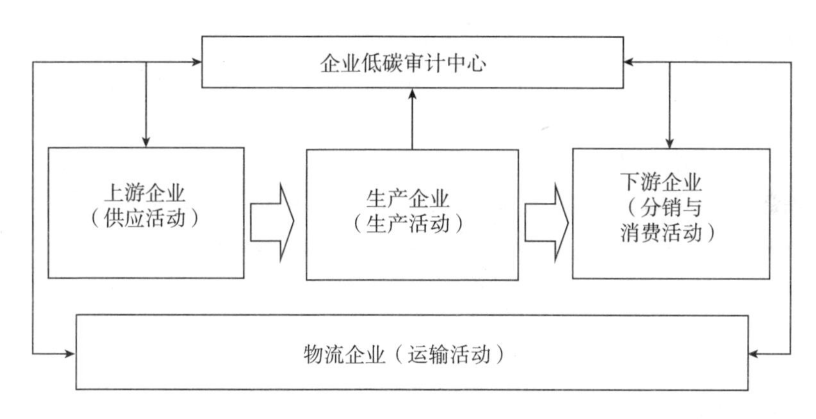

图 8. 2　非循环经济供应链上企业低碳审计

对于循环经济中的企业低碳审计，最终的目标应是实现碳中和，因此低碳审计包括循环经济企业价值链的碳排放内部审计和独立审计对于各时期碳排放报告或碳中和状态的鉴定，碳中和又分为循环经济价值链的碳中和产品碳中和。企业层面上的循环经济，是根据生态效率的理念实行清洁生产，减少能源与原材料的使用量，减少污染物排放，强化资源的循环使用能力和环境保效应。循环经济的实现，很大程度上依然依托于企业所在供应链重构与改造。因此，与非循环经济下的企业供应链不同，循环经济下的供应链企业关系更紧密，具有相互依存、共同发展的特点，供应链上的企业群相对稳定，不会频繁更替。如图 8. 3 所示，在循环经济价值链上，需要设立一个低碳审计中心，以收集与核算该价值链的整体碳排放、碳配置与交易数据，以便进行价值链碳中

和与循环经济产品的碳足迹监督与审计。这一中心可由生产企业为核心设立，因为生产企业主导着产品的设计与价值链的构建与优化，这也是主要的碳排放源，能更好地连接价值链的各环节。

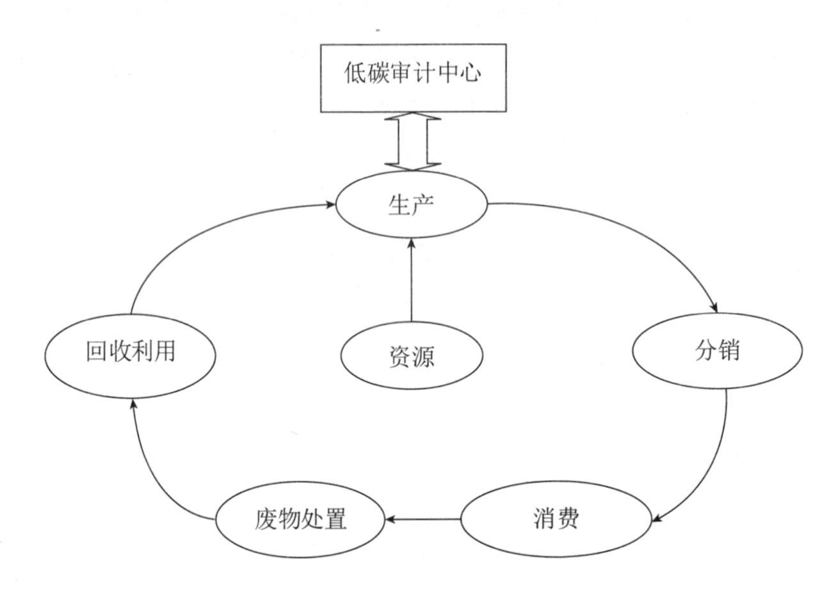

图 8.3　循环经济下企业价值链的低碳审计

8.3　本章小结

本章运用进化博弈论分析企业低碳审计在不同的初始配置环境下的发展趋势，在对初始配置环境分析的基础上归纳出Ⅰ类初始环境和Ⅱ类初始环境。对两类初始配置环境下的进化博弈分析发现，Ⅰ类初始环境下，当低碳审计成本 c_1 相对较高时 [$c_1 \geqslant 2E/(2E+R)$]，不实施低碳审计的企业的比例将不断增加，企业将趋向于不实施低碳审计。当审计成本较低且国外市场的收益占国内市场收益的比例至少在 2/3 以上时，随着企业之间的学习与模仿，将会有 $(2Ec_1-2E+Rc_1)/(Ec_1-E)$ 比例的企业将采取实施低碳审计策略。在Ⅱ类初始环境下，企业会自然而然地选择接受低碳审计，获得国内国外两类市场的收益，同时避免受到处罚。同时，即便不存在对未实施审计的企业的违规性处罚，企业也会自觉效仿实施低碳审计的企业，最后全行业向实施审计的策略演化。

对于推行低碳审计而言，Ⅱ类初始环境显然优于Ⅰ类初始环境。低碳审计的发展遵循着从Ⅰ类环境逐渐过渡到Ⅱ类环境的趋势。体现出的宏观发展路径具有五项特征：过程是由局部变迁逐渐转变为全面变迁的渐进式变迁；形式是自下而上由自发型到政府规制型变迁；本质上是环境问题和环保意识相互作用下的诱致性变迁；动力在于低碳审计制度需求与制度供给的非均衡；模式是由直线型逐渐向立体化低碳审计体系变迁。

从我国企业低碳审计发展的微观路径来看，企业的低碳审计从审计主体来看主要有独立审计和内部审计。独立审计可以承担第三方鉴定的角色，其主要的低碳审计活动可以涉及企业碳排放报告的鉴证、企业产品碳足迹的鉴证、企业碳中和的鉴证等。企业传统内部审计与低碳审计的本质是同一的，与低碳生态问题监控主体特征相契合，因此内部审计的功能也可以向低碳审计拓展，成为企业碳排放的监督与审计者。企业根据具体的实施路径及审计客体的复杂程度可以将低碳审计分为三个层次：国内独立企业、非循环经济下供应链上的企业以及循环经济中的企业。

第9章

环境审计的最新进展——自然资源资产离任审计

基于产权配置与交易的环境审计，是我国整体自然资源资产和环境保护情况审计的重要组成部分，其最终目标和任务是为了推进资源的集约利用和环境保护，进而全面、整体推进我国生态文明建设。党的十八届三中全会提出，“探索编制自然资源资产负债表，对领导干部实行自然资源资产离任审计，建立生态环境损害责任终身追究制。”为了落实这个政策，2015 年 11 月中办、国办印发了《开展领导干部自然资源资产离任审计试点方案》，正式拉开了自然资源离任审计的序幕。自然资源资产离任审计既是针对领导干部个人的审计，也是推进环境审计、实现生态文明建设的重要保障措施，是新形势下环境审计实现路径的最新进展。自然资源资产离任审计提出三年有余，试点工作正式拉开帷幕也将近两年，这些试点工作的实施现状如何、存在哪些问题、如何克服相关难题都值得我们及时总结和提炼。本章主要针对这些问题进行梳理和分析。

9.1 自然资源资产离任审计研究现状的统计分析

9.1.1 样本选取与统计方法

文章采用的样本来源如下：以“自然资源资产离任审计”为主题词在 CNKI 中国知网中搜索 2014 ~2016 年发表的相关论文，进一步人工筛选剔除与主题无关及重复的论文，最终获得的样本文献共 150 篇。为深入分析文献的具体研究内容，考虑控制论文质量锁定发表在核心期刊上的论文，进而选取相关样本文献 75 篇。后文从论文发表的年份、学科类型、期刊类型、作者单位、研究方法和研究内容等方面进行分类统计。

9.1.2 文献发表学科类型、期刊类型及作者单位

自然资源资产离任审计也属于环境审计，环境审计的研究开始较早，但以“自然资源资产离任审计”为主题的研究从 2014 年才真正出现，亦即在我国提出对领导干部实行自然资源资产离任审计后。资源环境审计的重心也开始由物本导向的审计转向人本导向——针对领导干部自然资源资产的离任审计。首先对 150 篇文献按照 CNKI 中的学科类型进行分类整理，所有论文均属于经济与管理科学，其中有 19 篇属于基础科学，15 篇属于社会科学，6 篇属于工程科技，3 篇属于农业科技。即有 43 篇论文（占比 28.7%）属于跨学科类型，这体现出自然资源资产离任审计的研究属于跨学科领域的研究。

按照论文发表的期刊类型，从审计类核心期刊审计研究和审计与经济研究、其他 CSSCI 来源期刊、其他核心期刊和其他非核心期刊五类期刊来源按年份进行整理得到表 9.1。

表 9.1　　自然资源资产离任审计文献期刊类型汇总

时间	审计研究	审计与经济研究	其他 CSSCI 期刊	其他核心期刊	其他非核心期刊	合计
2014 年	7	0	0	12	8	27
2015 年	2	1	0	13	18	34
2016 年	3	3	6	28	49	89
合计	12	4	6	53	75	150

由表 9.1 可知，150 篇论文中有 75 篇发表于核心期刊，其中 22 篇为 CSSCI 来源期刊，并且发表在审计研究及审计与经济研究上的文献分别为 12 篇和 4 篇，这体现出两本重要的审计类期刊对自然资源资产离任审计研究的重视。从时间上看，2014～2016 年论文数量逐年大幅增长，学者们的研究热情不断增加。

论文作者的单位来源可分为高校、审计机关、科研所、双重单位和其他共

五类，其中审计机关指来自审计署、审计署特派处、审计厅、审计局的人员，科研所包括科研所、研究所和专业咨询中心，双重单位指第一作者在两个不同类型的单位任职或者所有作者来自多个不同类型的单位，其他指作者来自除上述单位以外的情况。据此按照不同年份进行整理如表9.2所示。

表9.2　　　　自然资源资产离任审计文献作者单位汇总

时间	高校	审计机关	科研所	双重单位	其他	合计
2014年	13	11	1	2	0	27
2015年	20	10	0	1	3	34
2016年	48	29	3	4	5	89
合计	81	50	4	7	8	150

研究最多的学者仍然是来自高校，占比54%，且有7篇双重单位论文的作者都是来自高校并同时在其他单位任职或者与其他单位作者合作，这在一定程度体现出自然资源资产离任审计需要理论与实践的结合。值得一提的是，有1/3的作者来自审计机关，自然资源资产离任审计在各省市试点的同时也引起审计人员广泛的研究热情，并且有多省审计厅组织专门的课题组进行研究，这更好地体现出该主题研究中理论和实践的紧密结合。

9.1.3　核心期刊相关文献研究方法

为分析论文的写作方法及内容并控制论文的质量，选定其中发表在核心期刊上的75篇文献做进一步分析整理。相关论文大多都是规范研究，严格意义上的实证研究并没有，仅有部分论文为案例研究。对相关论文分案例研究和规范研究进行汇总，并且结合规范研究的内容进一步细分为如下几类：纯规范研究、结合少量数据或小案例的规范研究、结合自身自然资源资产离任审计试点实践的规范研究、模型构建或分析的规范研究和文献综述五类。根据不同的研究方法分别按照年份和作者单位进行统计整理得到表9.3和表9.4。

表 9.3　　　核心期刊自然资源资产离任审计文献研究方法按时间汇总

时间	案例研究	规范研究						合计
		纯规范研究	结合少量数据/小案例	结合自身实践	模型构建	文献综述	小计	
2014 年	1	13	1	3	0	1	18	19
2015 年	0	11	1	2	1	1	16	16
2016 年	5	22	6	0	6	1	35	40
合计	6	46	8	5	7	3	69	75

表 9.4　　　核心期刊自然资源资产离任审计文献研究方法按作者单位汇总

研究单位	案例研究	规范研究						合计
		纯规范研究	结合少量数据/小案例	结合自身实践	模型构建	文献综述	小计	
高校	1	25	5	0	7	3	40	41
审计机关	4	16	2	5	0	0	22	26
科研所	1	2	0	0	0	0	3	4
双重单位	0	3	1	0	0	0	4	4
合计	6	46	8	5	7	3	69	75

由表 9.3 可知，文献数量逐年增加，但是研究方法几乎都是采用规范研究；2016 年关于案例研究的论文开始增加，关于模型构建的研究越来越多。进一步搜索可知，随着自然资源资产离任审计试点工作的深入，2017 年发表的案例研究论文进一步增加。表 9.4 根据作者单位细分，核心期刊文献的作者 54.7%来自高校，34.7%来自审计机关，来自科研所和双重单位的均占 5.3%。结合自身原有自然资源资产离任审计实践工作进行研究的文献和绝大部分案例研究的文献都出自审计机关工作人员，模型构建以及文献综述研究的论文作者均来自高校。后续研究可以进一步加强理论与实践的联系，增加文章的案例或者数据分析，同时增加文章的理论高度，甚至充实数据进行实证分析。

9.1.4 核心期刊相关文献研究内容

根据具体的文献，将其研究内容分为如下五类：与自然资源资产离任审计相关的审计基本理论与综合、审计实务、审计方式方法、审计评价体系、自然资源资产负债表相关。审计基本理论与综合主要包括对自然资源资产离任审计的必要性、概念、目标、主体、对象、内容、现状及意义等基本理论和文献综述研究的论文等，审计实务是指具体实践中的应用的论文，审计方式方法是指对具体的审计程序及方式进行研究的论文，审计评价体系、是指具体介绍或构建自然资源资产离任审计评价指标体系或者指标体系中指标权重确定方法等研究的论文，自然资源资产负债表相关是指基于离任审计的视角对自然资源资产负债表的编制和应用的论文。按照不同年度和作者单位进行细分得到表9.5和表9.6.

表9.5　　核心期刊自然资源资产离任审计文献研究内容按时间汇总

时间	审计基本理论与综合	审计实务	审计方式方法	审计评价体系	自然资源资产负债表相关	合计
2014年	16	1	0	0	2	19
2015年	14	0	0	1	1	16
2016年	20	4	5	10	1	40
合计	50	5	5	11	4	75

表9.6　　核心期刊自然资源资产离任审计文献研究内容按作者单位汇总

研究单位	审计基本理论与综合	审计实务	审计方式方法	审计评价体系	自然资源资产负债表相关	合计
高校	25	1	4	8	3	41
审计机关	22	3	1	1	0	27
科研所	1	1	0	1	0	3
双重单位	2	0	0	1	1	4
合计	50	5	5	11	4	75

根据表9.5和表9.6可知，高达2/3的论文均是对自然资源资产离任审计

的基本理论与综合的探讨；其次吸引学者们目光的是具体审计指标评价体系的构建及评价方法，且大多采用了模型构建的研究方法；有少数几篇审计实务研究的论文主要来自审计机关工作人员的研究，有少数学者对自然资源资产离任审计的方式方法进行了探讨，分析了如何编制自然资源资产负债表并服务于自然资源资产离任审计。对具体文献进行分析可以发现，75 篇核心期刊论文中提到审计责任追究难的问题或者提出审计结果运用及责任追究相关建议的文章为 22 篇，但对审计结果应用及责任追究进行具体探讨的仅 1 篇。后文拟对核心期刊相关文献的具体内容，从自然资源资产离任审计的内涵及目标、审计主体、审计对象与内容、审计方式方法及审计的标准和评价指标体系等重要方面做进一步梳理和分析。

9.2 自然资源资产离任审计研究的主要观点

9.2.1 自然资源资产离任审计的内涵及目标

截至目前，自然资源资产离任审计还没有统一的定义。刘明辉（2016）综合考虑了重要的审计要素（审计中的三方、对象、标准、证据和结果等），将自然资源资产离任审计定义为“审计机关按照相关法律、法规等标准，获取和评价审计证据，对党政主要领导干部受托自然资源资产管理和生态环境保护责任的履行情况进行监督、评价和鉴证，并将审计结果传达给预期使用者的系统化过程”。张宏亮（2016）将自然资源资产离任审计界定为一种监督活动。钱水祥（2016）认为自然资源资产离任审计是一种进行审查、鉴证的总体评价活动。

关于其内涵的认识，主要有两种观点：一种是蔡春（2014）、林忠华（2014）和陈波（2014）等认为自然资源资产离任审计是资源环境审计和经济责任审计两者的结合；另一种是耿建新（2014）等认为自然资源资产离任审计应当是建立在编制的自然资源资产负债表的基础之上的一种特殊内容的审计。

不同学者对自然资源资产离任审计的目标界定虽有区别，但本质上差别并不大。安徽省审计厅课题组（2014）、蔡春（2014）、林忠华（2014）、陈献东（2014）和陈波（2014）等认为对领导干部资源环境责任的履行情况进行审

计，是为了强化领导干部资源环境责任，帮助领导干部树立正确政绩观，促进自然资源资产保护责任的全面有效履行。黄溶冰（2016）、钱水祥（2016）等则提到促进资源节约和环保政策的落实或制定，最终都是为维护资源安全、促进资源的集约利用和环境保护，推动生态文明建设和可持续发展。

9.2.2 自然资源资产离任审计的主体

关于自然资源资产离任审计的主体，主要有“一元主体论”和“多元主体论”两种观点。刘明辉（2016）认为国家审计机关是我国自然资源资产离任审计的主体，因为这在相关的法律法规以及规章制度中有明确的规定，虽然审计过程中可能会利用社会审计人员、内部审计人员及专家的工作，但最终承担责任的仍是国家审计机关。钱水祥（2016）从宪法规定的自然资源的国有产权性质出发，安徽省审计厅课题组（2014）从自然资源的经济性、稀缺性、公益性和国有性等特点出发，薛芬（2016）从国家审计机关的特点及法律地位展开，都认为自然资源资产离任审计的审计主体必须是国家审计机关。多元主体论的支持者主要有蔡春（2014）、陈献东（2014）等，他们认为国家审计机关、内审机构、中介组织等均可成为审计主体，但蔡春也同时指出当前的主体主要是国家审计机关。

9.2.3 自然资源资产离任审计的对象与内容

对自然资源资产离任审计对象的认识存在着显著差别。一些学者认为，自然资源资产离任审计的对象主要是“人”：安徽省审计厅课题组（2014）等认为这种审计的对象为地方党政领导干部；黄溶冰（2016）等认为审计对象不仅包括以人为主体的地方党政领导干部还包括以单位为主体的地方政府。还有一些学者认为自然资源资产离任审计的对象主要是“物”：钱水祥（2016）、陈献东（2014）等认为这种审计的对象是可以资产化的自然资源，主要包括国土资源、水资源、林业资源（森林资源）、海洋资源和矿产资源等；薛芬（2016）认为除了考虑这五类资源外，应将生态环境保护也纳入审计对象。两者之间的观点差异，我们认为是混淆了审计客体与审计对象。党政领导干部或政府部门受托管理自然资源资产，应属自然资源资产的责任主体，是离任审计的客体，而自然资源资产才是具体的审计对象，责任人履行的资源环境责任情况就是具体审计内容。

蔡春（2014）认为自然资源资产离任审计的主要内容包括战略与政策审计、合规性审计、财务审计、资产负债表审计和绩效审计五个方面，安徽省审计厅课题组（2014）、林忠华（2014）观点与此类似。陈波（2015）认为自然资源资产离任审计内容包括财务审计、合规性审计和绩效审计，同时自然资源资产负债表的审计也是重要内容。陈献东（2014）认为主要审计内容是自然资源资产使用情况、管理情况和监管情况等。黄溶冰（2016）基于 PSR 模型认为审计内容包括自然资源资产状态改善情况审计、自然资源管理响应落实情况审计和自然资源开发压力削减情况审计三个部分。虽然表述不同，但我们发现学者们的观点并没有本质上的区别。

9.2.4 自然资源资产离任审计的审计方式方法

李博英（2016a）提出将资源环境状态比较法、调查统计法、检查测量法、模糊综合评价法、分析综合法运用于自然资源资产离任审计，综合运用传统的观察、检查和询问等审计方法。李博英（2016b）进一步探讨了模糊综合评价法的具体应用。黄溶冰（2016）从产权理论出发，构建了自然资源资产离任审计的压力—状态—响应（PSR）模型。唐勇军（2016）将行为导向审计模式引入自然资源资产离任审计，并以水资源为例构建了具体审计框架。马志娟（2016）探讨了如何将“互联网＋”应用于自然资源资产离任审计。

9.2.5 自然资源资产离任审计的标准和评价指标体系

唐勇军（2016）指出将相关法律作为评价标准，法律法规作为评价标准也得到大多学者的认可。刘明辉（2016）认为正式的规定和某些非正式的规定均可以作为审计标准。

关于自然资源资产离任审计指标评价体系，张宏亮（2016）提出四个具体原则，设计了分为主指标和副指标的指标体系，并利用层次分析法（AHP法）确定指标权重。唐勇军（2016）利用五个行为层面的一级指标、若干定性和定量的二级指标设计了一个评价指标体系，也采用 AHP 法确定指标权重。陈波（2015）在提出评价指标应满足的三个质量标准的基础上，结合现有研究成果，针对主要的自然资源类型整理了一个绩效评价指标示例表。黄溶冰

(2016)基于PSR模型，也设计了相应评价指标体系。孙玥璠（2016）具体探讨了评价指标体系中将熵权法作为赋权方法的应用。

9.2.6 文献述评

通过对上述五个方面相关文献的收集与梳理，我们发现对自然资源离任审计的认识还停留在浅层知识层面，即大部分研究都还在关注主体、客体、内容等基础性的问题。当然，这不是说这些知识不重要，事实上这些问题不解决对它的研究根本不可能深入。但如果研究始终停留在这个层面，就难以产生对实践有指导意义的研究，也就不能总结出正确的规律。同时我们发现，对自然资源资产离任审计的研究热情较高的是政府审计机关以及高等院校，这反映出目前的研究还不能给予实践直接的指导。

因此，我们期待有更多自然资源资产离任审计的案例分析出现，更多地分析自然资源资产离任审计基本规律的实证研究出现，更多地运用各种研究方法剖析自然资源资产离任审计深刻本质的研究出现。本书拟对目前自然资源资产离任审计在我国的试点推行现状进行分析，并探究出我国自然资源资产离任审计在当下实践中存在的主要问题及其进一步发展面临的困难，进而提出针对性的建议，推进自然资源资产离任审计的落实与发展。

9.3 我国自然资源资产离任审计的试点现状

国务院办公厅2015年11月17日发布的《编制自然资源资产负债表试点方案》提出，根据自然资源的代表性以及现有相关工作基础，在陕西延安市、贵州赤水市、内蒙古呼伦贝尔市、浙江湖州市、湖南娄底市五地率先推出开展自然资源资产负债表编制试点和自然资源资产离任审计试点。同期，中共办公厅、国务院办公厅印发的《开展领导干部自然资源资产离任审计试点方案》中提出了对试点的步骤规划，自2015年启动试点；2016年进一步扩大试点范围；2017年将在全国范围内开展试点审计，制定出台领导干部自然资源资产离任审计暂行规定；2018年形成经常性审计制度。

从我国大陆31个省（自治区、直辖市）的审计厅官方网站和中国审计署官方网站中搜索与自然资源资产离任审计相关的新闻（截至2017年5月10日），并剔除重复的新闻，根据所有新闻的披露情况，对我国当前自然资源资产离任审计的试点情况进行全面梳理，对各省、自治区、直辖市的试点时间、试点地区、部分地区试点中颁布的文件（政策、规定等）、新技术应用的情况以及审计结果报告等数据进行汇总整理得到如下结果。

9.3.1 试点已全面展开，省份间存差异

根据搜索的新闻整理各省、自治区、直辖市试点时间、试点地区、颁布的文件以及在省审计厅网站上报道的本省各地区践行自然资源资产离任审计的新闻数，得到表9.7。

表9.7　各地区试点情况汇总

省/直辖市/区	试点时间	开展（或计划）试点地区	相关实践新闻数（省审计厅网站）
河北省	2016年	秦皇岛市、石家庄市、廊坊市、邯郸市、承德市	9
山西省	2016年	朔州市	2
辽宁省	2016年	本溪市	2
吉林省	2016年	抚松县、蛟河市	5
黑龙江省	2017年	齐齐哈尔	1
江苏省	2016年	苏州市、昆山市、盐城市、无锡市等7地区	17
浙江省	2016年	湖州市、开化县、磐安县	4
安徽省	2016年	滁州市、泗县	3
福建省	2014年	厦门市、莆田市、光泽县、福州市等11地区	48
江西省	2016年	萍乡市、德安县、新余市、赣州市	7
山东省	2014年	青岛市、即墨、聊城市、淄博市、沂水县等16地区	47
河南省	2016年	许昌市、济源市、信阳市、郑州市	6

续表

省/直辖市/区	试点时间	开展（或计划）试点地区	相关实践新闻数（省审计厅网站）
湖北省	2016 年	武汉市、孝感市、洪湖市、黄冈市等 43 地区	176
湖南省	2016 年	娄底市、怀化市、湘潭市、长沙开福区、株洲市	13
广东省	2016 年	茂名（惠州市、开平市、德庆县）	3
海南省	2016 年	澄迈、琼中	3
四川省	2014 年	绵阳市、攀枝花市	11
贵州省	2013 年	赤水市、荔波县、黔西南州、六盘水市等 6 地区	40
云南省	2016 年	昆明市、普洱市、大理州、德宏州、凤来县等 14 地区	15
陕西省	2016 年	延安市、西安市、宝鸡市、咸阳市、榆林市、渭南市	7
甘肃省	2016 年	兰州市、平凉市崆峒区、瓜州县、酒泉市、陇南市	22
青海省	2016 年	海东市、海西州	11
北京市	2015 年	海淀区、门头沟区、延庆区、朝阳区等 7 地区	8
天津市	2016 年	宝坻区	4
上海市	2016 年		0
重庆市	2016 年	奉节县、重庆市铜梁区	7
广西壮族自治区	2014 年	钦州市、桂林市	7
内蒙古自治区	2014 年	包头市、鄂尔多斯市、阿拉善盟、乌海市等 11 地区	17
西藏自治区	无		0
宁夏回族自治区	2016 年	吴忠市	1
新疆维吾尔自治区	2016 年	巴州、阿勒泰地区	7

由表 9.7 可以看出：自然资源资产离任审计试点工作已经在全国范围内铺开，不同省份间试点情况存在差异。（1）不同省份试点时间不一：绝大部分省份在 2016 年开启自然资源资产离任审计的试点工作，少数省份在 2017 年启动，也有个别省份如福建、山东、贵州、广西和内蒙古等省（自治区）在 2014 年甚至 2013 年就已开展自然资源资产离任审计的实践。（2）不同省份试点地区及范围不一：大部分省份已经稳步开启了试点工作；少数省份的试点工作得到了较全面开展，如湖北省；仅个别省份仍未启动试点工作，如西藏自治区。同时不同省份试点开展层次有区别，大部分省试点开展到市一级的领导干部，部分省扩展到了县级甚至乡镇级的领导干部。（3）不同省份对于自然资产离任审计的重视程度和宣传力度不一。不同省份审计厅官方网站上搜集的新闻显示的不同省份开展试点的地区数（试点面的广泛性）和披露的新闻数各不相同，不仅体现出各省份试点现状不同、对试点工作的重视程度不同，也在某种程度上体现出该省对自然资源资产离任审计的宣传力度不同。

9.3.2 各地积极出台相关文件

根据搜索的新闻整理各地区在自然资源资产离任审计的实践中出台的相关文件，根据文件类型分类整理后得到表 9.8。

表 9.8　部分地区试点中颁发的文件、政策或规定汇总表

颁布的文件、政策、规定	相关地区
推动（/深化）试点意见	北京、贵州等
试点方案	江苏、青海、云南临沧市临翔区等
试点工作（/方案）实施意见	江西、甘肃、天津、福建、湖南、河南济源、江苏盐城等
（试点）实施方案/工作方案	黑龙江，山西，吉林，山东，广东，广西，四川、四川广元，贵州黔南州，云南、云南昆明、普洱、西畴县、怒江州，内蒙古包头市，河北承德双桥区，陕西延安等
暂行办法（/审计规定）	江西新余、河南济源、湖南溆浦、四川绵阳、江苏盐城、吉林蛟河
操作指南	湖北，另江苏启动编制

续表

颁布的文件、政策、规定	相关地区
评价体系	吉林、四川绵阳，另天津拟建立审计评价指标体系和整改监督体系
领导干部生态环境损害责任追究实施细则（/办法）	宁夏、江苏盐城、四川绵阳、湖北鄂州深化试点，准备工作方案（湖南娄底），总体方案（内蒙古、湖北鄂州），中长期工作规划（云南昆明），有关工作的通知（云南保山），水土流失责任终身追究制（浙江），资产保护管理行为规范（湖北鄂州）
其他文件、政策或规定（地区）	

由表9.8可以看出：大部分省针对自然资源资产离任审计出台了相应文件。有二十余个省出台了自然资源资产离任审计的试点工作方案（或实施方案、实施意见、暂行办法、审计规定等）的文件；湖北省出台了《湖北省领导干部自然资源资产离任审计操作指南（试行）》文件，江苏省启动了《领导干部自然资源资产离任审计操作指南》的编制工作，吉林省制定并试行了《领导干部自然资源资产离任审计评价指标体系》，四川省绵阳市出台了《县市区党政主要负责人离任生态环境审计评估试点指标体系》，海南省在实践过程中初步构建了一套由7大项37个分项指标构成的审计评价体系，浙江、福建、重庆和宁夏也明确提出了将自然资源保护责任纳入经济责任审计，宁夏、江苏盐城等地出台了领导干部生态环境损害责任追究实施细则。

对相关试点文件的进一步解读可知，大部分文件明确了自然资源资产离任审计工作的基本原则、目标和对象，提出了审计重点和主要审计内容，部分指出了试点地区及具体任务与时间安排，也有部分文件提出了审计结果应用及责任追究问题。绝大部分省份提出的审计重点为土地、森林、水、矿产资源以及生态环境治理和大气污染治理等方面，部分省份也提到了海洋资源和湿地资源，也有极少数省份提出结合本地特点重点考虑当地代表性资源和管理问题突出的资源。大多数文件指出的主要审计内容是领导干部任期内国家相关法规、政策贯彻落实情况，自然资源资产利用、管理和保护责任，生态环境保护责任，相关重大事项的决策情况以及生态环境保护相关资金的征收管理使用情况等。各省份出台的试点方案文件大都是笼统地提出了一些方向性、原则性的指引，很少有文件有较具体的可操作性指引，仅个别省份，如湖北省出台的领导干部自然资源资产离任审计操作指南相对较详细并具有较好的实操指导作用。值得一提的是，吉林省制定了包括四个层次的指标体系，涉及119个指标，分别从定性和定量两个方面进行衡量。定性指标分为优秀、良好、中等、及格、很差五个等级并分别对应一定的评分，定量指标则结合采用期初比较法和目标值法进行打分。

另外在各省（市）的文件中，云南、甘肃、福建、广东、天津、内蒙古、四川、四川绵阳、广西桂林、湖南娄底、江苏盐城、昆山等地均提出了要建立众多部门共同参加或协助的联动审计机制。部分省份还提到了离任审计与任中审计相结合、经济责任审计与专项审计相结合的方式。不过从具体的各地实践新闻来看，各地区不同部门间联动合作切实履行较好的并不多。

9.3.3 多地探索应用新技术

根据搜索的新闻整理各地区在自然资源资产离任审计中应用新技术的情况，得到表9.9。

表9.9 部分地区试点中新技术应用汇总

运用的新技术	相关地区
地理信息技术（GIS、RS、GPS技术等）	辽宁、浙江、甘肃、广西、海南、江苏无锡
大数据、云计算和互联网技术	青海
综合运用上述两种技术	湖北

由表9.9可知：部分地区在传统审计方法中融入了新的技术方法。辽宁、海南、湖北等数省都运用了地理信息技术或地理信息软件，青海、湖北等省份探索运用了大数据技术或采用了“互联网+审计”方案。四川省审计厅与相关部门合作应用新技术服务自然资源资产离任审计，与省测绘地理信息局签订战略合作协议共商测绘地理信息保障服务事宜。山东省和广东省均在其发布的试点工作方案中提出尝试运用“大数据”、云计算和移动互联网技术。

自然资源资产分散广、信息量大，测量难度大，单纯依靠传统审计方法难以获得对自然资源资产从空间层面的直观全面的了解，地理信息技术具有覆盖面广、信息容量大、定位准确、界面直观等独特优势。大数据、云计算技术和

互联网平台能够帮助获取和挖掘自然资源资产相关数据以及不同部门间的信息共享，同时可以通过比对数据间的关系等帮助发现审计疑点。这些新技术不可替代的优势，使得它们在自然资源资产离任审计工作中得到运用并发挥了至关重要的作用。

9.3.4 审计结果、报告及处罚披露少

根据搜索的新闻，对各地区自然资源资产离任审计实践中得到的审计结果、形成的审计报告及采取的相关处罚等情况进行整理，没有搜到内容的则没有列出数据，得到表9.10。

表9.10　部分地区试点审计结果报告

省/辖市/区	相关结果报告
河北省	秦皇岛审计局向市政府呈报了《领导干部自然资源资产审计试点工作情况报告》
江苏省	2016年12月盐城《关于全市盐田资源开发利用情况的审计调查报告》；2017年5月常熟市《关于〈常熟市主要领导干部自然资源资产离任审计（试点）〉的整改报告》（推进新修订了《常熟市生态补偿专项资金管理办法》等7项政策文件等）
湖北省	鄂州市《鄂城区领导干部自然资源资产离任审计报告》，根据报告反映的问题，区政府组织35家职能部门单位进行专项督查，依法关闭49家企业、整改企业98家，并印发了多项通知等；鄂州市出台了领导干部保护生态环境和自然资源警示手册、损害自然资源违法行为举报奖励暂行办法等多项文件；恩施市落实自然资源审计整改出台自然资源项目招商管理办法；兴山自然资源资产审计追缴水资源费140余万元
四川省	2014年12月绵阳市环保局发布了对三台县原县委书记、县长的生态环境审计评估结果
贵州省	截至2016年12月平阳乡自然资源资产责任审计发现14项问题并提出相应建议。
青海省	2016年11月省级、海东市、海西州三个审计项目出具了《审计报告》

由表9.10可知：自然资源资产离任审计试点工作取得一定成效，但结果报告及处罚披露较少。根据审计厅官方网站搜集的新闻数据显示，自然资源资产离任审计的开展增强了领导干部的自然资源责任意识，一定程度上促进了地

区资源环境的保护，试点工作取得一定成效，但是因为处于试点初期，成效还不够明显。大多数新闻是关于本省或地区对自然资源资产离任审计工作的重视（座谈会、领导视察和相关培训等）、相关实践工作和实践中相关问题的探讨等。关于审计成果运用的新闻并不多，我们仅看到河北、江苏、湖北、四川、贵州和青海等省份有相关报道，且湖北和江苏取得的成效相对更好。关于自然资源资产离任审计取得的成果、得到的审计结果或报告及做出的相应整改或处罚的新闻较少，真正落到实处的整改和处罚并不多，也可能是因为试点工作刚刚启动，真正完成的审计项目较少。

9.4 我国自然资源资产离任审计中存在的问题

针对前文现状的分析，结合数据搜集过程中具体新闻内容，看到一定成效的同时也可以梳理出当前我国自然资源资产离任审计中存在的问题。

9.4.1 审计时所需要的数据收集整理难

一是数据汇总收集困难，各级主管部门现各自掌握的都是些零散的、非全面非系统性的自然资源资产信息和数据；二是数据断续性，目前数据库不完善、数据统计难度高、研究技术困难大，使得现有数据资料在时间、空间上无法做到连续不间断；三是数据准确性差、计量难度大，自然资源种类和特点不一样，计量的方式也不一样且涉及大量专业技术和方法的应用，无论是根据人工的核算和技术的预测，都无法确保取得的数据在数量和质量上完全的准确无误。数据的收集整理是自然资源资产离任审计工作的基础，也是审计证据的最重要来源，要摸清自然资源资产的家底及领导干部任职期间的变动情况，不是一朝一夕的事情。数据收集整理的难题是制约很多地区自然资源资产离任审计工作的启动和顺利开展的重大阻力。

9.4.2 审计人员队伍的人数和相关专业度不足

自然资源资产审计所需基础数据多、分散广、搜集难度大，需要大量的人力物力，审计人员数量明显不足。同时，自然资源资产离任审计作为一项跨领域、专业技术性强的审计工作，对审计人员相关专业性水平提出了更高要求，如需熟悉相关政策、熟知土地、森林测绘、水文监测、水质检测、矿产勘探和

环境保护等方面的专业技术知识。现阶段，我国审计工作人员专业结构单一，大多为会计、财务或审计专业出身，自然资源环境相关专业度明显不足。如鄂州市、区两级审计机关121人中，环境工程人员仅1人。各省份在试点方案中大多提出了多个部门联合审计的模式，也是为了克服审计人员队伍人数和相关专业度不足的问题，但是具体实践中多部门联合履行较好的并不多。

9.4.3 指标考核评价体系不健全

由前文分析可知，我国大陆31个省、自治区、直辖市中仅吉林省制定并试行了《领导干部自然资源资产离任审计评价指标体系》、四川绵阳出台了一个评价体系以及海南省在实践中初步构建了一套审计评价体系，整体而言，并未形成健全的自然资源资产离任审计指标考核体系。这主要是以下几个原因：一是对自然资源量评估难，它品类多、分布广、已有资料不全不详、可信度差；二是自然资源质量评估难，对于自然资源的质量判定，目前也没有统一标准；三是领导干部绩效评估难，各地区自然资源的开发和维护差别较大，落实成果见效不一，很难对领导干部绩效准确评估；四是自然资源资产监督管理责任难以准确界定责任人。指标考核评价体系上的不成熟严重制约自然资源资产离任审计的推行。

9.4.4 责任追究尚不明确

从前文各省审计厅官方网站上披露的审计结果和处罚情况可知，目前相应的责任追究尚不明确，绝大部分地区没有相应的从上至下的责任追究机制，即使有责任追究机制，也会因为资源环境保护情况涉及面广牵涉部门多、环境污染存在滞后效应、责任认定和追究难等原因使得具体实施审计时遇到诸多阻碍。这些也导致在审计结束后，很难落实审计结果的应用、追究相关责任人的责任，更不能从源头上杜绝各级组织部门落实不到位、政绩考核体系设置不合理等现象的发生。

9.5 推进我国自然资源资产离任审计的建议

9.5.1 明确地方自然资源资产现状、建立健全自然资源信息系统

审计部门应联合林牧业、农粮、国土、矿管、经信、水利、环保、工信等

单位和部门组成专门的调研组，全面调查研究自然资源资产，多角度分析地区自然资源资产分布现状及变化情况，明确管理权。现在较多部门都有自己的“在线管理系统”或“在线监测系统”，应提议实现各单位、部门之间信息资源共享，同时联合社会团体、科研单位以及相关领域专家，建立统一的自然资源信息平台，建立在线系统，以期为自然资源资产离任审计提供一个较全面较准确的数据基础，同时推动实现动态审计。

9.5.2 加强审计团队建设、深化新技术应用、建立多部门联动审计模式

试点中很多省市开展了多方位培训学习，也提出了多部门合作方案，但具体实践中的合作仍有待加强。要进一步拓宽加深多种方式（观看教学视频、专家现场专题讲座、线下业务训练、自主学习调研等），加强对审计人员专业知识和技能以及相关法律法规的系统培训，增强审计队伍的综合专业性，建立起熟悉相关政策、具有资源环境相关专业性、具有数据挖掘应用能力和熟练运用审计知识的高层次审计团队。自然资源资产离任审计是跨学科融合领域，需要积极与自然资源管理职能部门、科研机构和社会团体开展合作，聘请环保、土地、水利、林业、测绘等有关专业技术人员参与到审计过程中，建立起多部门联动审计的模式；要将测绘遥感、自动检测、地理信息技术等高科技手段运用于对相关问题进行现场勘测、认定；将大数据和互联网技术甚至人工智能等新技术运用于数据的挖掘、分析以及帮助审计疑点的识别等。这些技术都在自然资源资产离任审计的工作中发挥了不可替代的作用，应在实践中更广泛和深入地应用。

9.5.3 建立完善自然资源资产离任审计指标考核评价体系

2016 年 12 月中共办公厅、国务院办公厅印发了《生态文明建设目标评价考核办法》，此办法也仅提出了整体指导性原则和考核评价要求，并未涉及具体评价指标体系的构建。我们可以考虑此考核办法，结合自然资源资产离任审计的实践，有针对性地建立一套科学可行的计算方法和审计评价指标体系，较全面系统地对领导干部的资源环境责任进行量化评估考核，使得自然资源资产离任审计更具可操作性；此评价体系还可以根据不同地区的自然

资源禀赋特点区别设计，在自然资源资产离任审计的实践中不断完善。同时，政府和相关部门应结合实际情况对上级下达的指标任务进行指标分解，帮助领导干部明确自身责任，增强资源环境责任意识，摒除过去为片面追求GDP而牺牲环境的做法。

9.5.4 领导上任时明确责任，健全并切实履行责任追究机制

在领导上任时即明确相应的资源环境责任，减少责任界定难的问题，有助于领导干部增强资源环境责任意识并更好地指导其切实履行相关责任。2015年8月中办、国办印发了《党政领导干部生态环境损害责任追究办法（试行)》，明确了追究责任的情形和责任追究形式及相关监管职责部门的责任等，并指出各省、自治区、直辖市可以依据此办法制定实施细则。建立生态环境损害责任终身追究制，不能只流于形式，应该根据目前实行的环境影响评价制度推行具体可操作的措施。应在地方党委和政府领导成员生态文明建设中，明确追责情形，以生态环境损害情况和自然资源资产离任审计结果为依据，对造成生态环境损害的领导干部予以警告，让其公开道歉并给予组织政纪处分等，对于情形更为严重构成犯罪的行为依法追究刑事责任。制定领导干部生态环境损害责任追究实施细则，结合自然资源资产离任审计结果切实贯彻履行终身追责追究机制，以对领导干部起到真正的警示作用。

9.6 本章小结

在环境问题日益严重的新形势下，我国提出了将资源环境审计与离任审计融合的自然资源资产离任审计，以期对政府官员的自然资源环境责任建立起针对性的审计评价体系；让资源环境保护纳入领导干部考核体系更具操作性，对领导干部的任职考核兼顾经济责任和资源环境责任，取代以前的唯GDP政绩论；自然资源资产离任审计的提出和执行意义深远，是推进我国生态文明建设促进可持续发展的重要举措。我国自然资源资产离任审计的试点工作取得很大进展，并将持续不断地推进和完善。限于数据的可获得性，我们搜集了各省审计厅网站和国家审计署网站等官方网站上公布的新闻进行分析整理，虽存在一定的局限性，但也能整体反映出我国自然资源资产离任审计工作的实施现状，为推进自然资源资产离任审计的实践以及相关政策的制定和相关理论的研究都

提供了一定的经验支撑，并在此基础上进一步探究出我国自然资源资产离任审计实践中存在的问题，提出相应建议。随着自然资源资产离任审计的不断推进，将促使党政领导干部在进行重大决策时充分考虑生态环境要素，将自然资源的可持续发展放在至关重要的位置，切实履行好资源环境责任，为基于产权的环境审计的落实提供坚实保障。

第10章 研究结论和政策建议

10.1 研究结论

本书研究将当前审计理论所忽略的且称之为第四方的“自然状态”的社会环境方（政府、环境组织和社会公众等）纳入环境审计契约之中，从环境产权行为的角度再造具有“双向四方环境审计关系”的环境审计模式，其中涉及以下主要创新性成果：

①研究环境审计架构的体系创新。将当前审计理论所忽略的且称之为第四方的“自然状态”的社会环境方引入环境审计契约中，基于环境审计市场的供需关系，构造了“双向四方环境审计关系”的环境审计模式。

②研究环境审计视角的理论创新。以自然环境所承载人类经济、社会活动过程中所缔结而成的超契约视角，从权力源头上探索解决环境问题的新环境审计模式，并提供了相关实证检验。

③建立了我国碳审计标准体系，提供了企业层面低碳审计的发展路径，认为Ⅱ类初始环境（消费者低碳意识强，碳会计制度完善，低碳审计成本相对Ⅰ类环境下较低）优于Ⅰ类初始环境（消费者低碳意识淡薄，碳会计制度尚未建立，低碳审计成本相对较高）。低碳审计的发展遵循着从Ⅰ类环境逐渐过渡到Ⅱ类环境的趋势。从我国企业低碳审计发展的微观路径来看，企业低碳审计的审计主体主要有独立审计和内部审计，根据审计客体的复杂程度将低碳审计分三类实施：国内独立企业、非循环经济下供应链上的企业以及循环经济中的企业。

10.2 政策建议

随着世界各国对于全球气候变化认识的加深，国内碳交易市场的逐步建立，低碳审计制度需求与制度供给的非均衡使得以低碳审计来全面监督与控制企业的碳排放成为一种必然。2015 年 9 月中共中央印发《生态文明体制改革总体方案》明确要求，到 2017 年要建成全国性的碳排放权交易市场，时间紧、任务重，立即构建完善的环境审计体制是保障碳排放权交易市场顺利运行的重要机制。根据本书的研究，我们建议：

①低碳审计技术标准与管理规范体系亟待全面构建。国内的企业审计可以借鉴碳足迹评价的国际标准，建立包括企业、产品碳审计在内的技标准体系，但也应根据国内企业的实际情况，制定相关的低碳审计管理规范，这包括对独立审计和内部审计应用于低碳审计职能边界的确定和责任划分，对复杂程度不同的国内独立企业、非循环经济下供应链上的企业以及循环经济中的企业采取的低碳审计方式的规范。本书提出后两类企业的低碳审计实际是对“企业群”的低碳审计，因此应以“企业群”中能够承上启下的生产企业作为碳内审中心，由其汇总“群”内各企业的碳排放数据，确定碳排放权的盈余与不足，从而参与碳交易活动。

②社会公众的“低碳意识”有待强化。社会公众均是现实或潜在的消费者，根据前文的分析可知，在低碳意识薄弱的环境下，需要较为严苛的条件才可能使低碳审计得以在全行业推行。但在低碳意识强的环境下，消费者会采取“用脚投票”的策略。此时，低碳审计的推行相对于低碳意识薄弱的环境要更容易得多，企业通过相互的学习与模仿，很容易在全行业形成接受低碳审计的趋势。目前，国内低碳问题的涌现和随之带来的人们环保意识的建立，与国外低碳审计的兴起成为我国企业低碳审计里应外合的诱致因子，但社会公众低碳意识的进一步加强，还有待政府的政策引导，教育系统的理念灌输，媒体的宣传与导向等联动机制的形成。

③应形成政府提供低碳审计相关规制和以市场为主的推动机制。在方兴未艾的碳交易市场中，根据市场失灵理论，由于外部性、信息不对称等因素的存在，市场无法完全解决资源配置的效率问题，即无法充分实现资源配置效率的最大化，必须由政府的干预才能实现资源配置的帕累托最优。首先，市场对于

碳排放行为，具有通过碳交易等市场机制合理配置环境资源的能力，但碳排放权初始配置规则的界定离不开政府。碳排放具有外部性，而产权埋论认为市场失灵与产权紧密相连，为了效果最优化地实现依赖产权的分配与界定，初始界定应由政府执行，有利于保证其公平与效率。其次，在为争夺国外市场商机而率先实施低碳审计的自发审计逐渐增加后，对低碳审计的进一步推动可由政府出台低碳审计相关的规制。我国的现代企业制度已经包含了一套以市场为主的完善的审计机制，利用现有的内部审计和独立审计来实施低碳审计，能极大限度减少改革成本，加快推进低碳审计进程。现有审计体系的功能向低碳审计扩展需要由政府提供政策性支撑。

④在推行企业低碳审计时，独立审计可只对现行独立审计做功能上的拓展和资质上的另行要求；对于内部审计，应考虑分国内独立企业、非循环经济下供应链上的企业以及循环经济中的企业三类分别推行。这三类企业在实施低碳审计时，后两类可以以相互关联的“企业群”作为审计对象，“企业群”中的企业，如果是在非循环经济下供应链上的企业，可以在主要的生产企业中设立碳审计中心，中心发生的运营费用由相关企业共同负担；如果该企业是在同一生态工业园区的循环经济中的企业，仍需要在生产企业设立碳中心，以便获取回收利用的资源数量，全面进行碳排放的内部审计。

⑤全面碳会计确认、核算与报告制度亟待建立。我国于 2013 年建立五个碳交易所并开始运行，但企业对于碳排放的会计确认、核算与报告仍然缺位。碳排放权作为一项环境资产或投资性环境资产均未能反映在会计信息中，一旦企业碳排放超额巨大，需要支付大笔资金来购买其他企业剩余的碳排放权，企业的会计信息将存在重大制度性纰漏。建立全面而完善的碳会计确认、核算与报告制度，一方面将有利于所有企业（或企业群）对碳排放情况的确认和计量，对碳排放权增减的价值核算以及企业利益相关者对企业碳排放信息的掌握；另一方面也将有利于低碳审计体系的构建并简化其实施的过程。

参考文献

［1］郭道扬：“人类会计思想演进的历史起点”，《会计研究》，2009（8）：11－18.

［2］冯均科：《审计关系契约论》，中国财政经济出版社2004年版.

［3］李山梅：“环境绩效审计研究—兼评矿业城市环境问题”，《中国地质大学博士论文》，2006：6－20.

［4］左正强：“我国环境资源产权制度构建模式探讨”，《生态经济》，2014，30（10）：160－163.

［5］王强，姜瑞，曾红云，苏丹：“中国污染物排污权交易发展及问题探析”，《环境科学与管理》，2014，39（6）：77－81.

［6］常修泽：“资源环境产权制度及其在我国的切入点”，《宏观经济管理》，2008（9）：47－48.

［7］常修泽：“资源环境产权制度缺陷对收入分配的影响与治理”，《税务研究》，2007（7）：52－57.

［8］曾先峰：“环境质量产权界定与资源输出区生态补偿模式选择”，《学习与实践》，2013（10）：65－71.

［9］马士国：“基于效率的环境资源产权分配”，《经济学（季刊）》，2008，7（2）：431－446.

［10］魏江，李拓宇，赵雨菡：“创新驱动发展的总体格局、现实困境与政策走向”，《中国软科学》，2015（5）：21－30.

［11］王明远：“论碳排放权的准物权和发展权属性”，《中国法学》，2010

(6): 92-99.

[12] 卜国琴:“排污权交易市场机制设计的实验研究”,《中国工业经济》,2010 (3): 118-128.

[13] 杨伟娜,刘西林:“排污权交易制度下企业环境技术采纳时间研究”,《科学学研究》,2011 (2): 230-237.

[14] 时志雄:“碳交易市场机制发展综述”,《电力与能源》,2011,32 (3): 187-193.

[15] 肖序,周志方:“组织环境风险管理与环境负债评估框架研究”,《审计与经济研究》,2012,27 (2): 33-40.

[16] 叶青海:“制度兼容互补:自然资源价格优化的动力”,《理论探索》,2010,1 (1): 74-77

[17] 罗荷英:“论可持续发展与环境会计”,《企业经济》,2011 (4): 173-175.

[18] 张晓静:“浅谈公司人力资源的利用与发挥”,《财经界》,2010 (1): 23-25.

[19] 刘常翠,张宏亮,黄文思:“资源环境审计的环境:结构、影响与优化”,《审计研究》,2014,3 (3): 38-42.

[20] 李兆东:“大气环境治理绩效审计模式研究”,《财务与会计》,2015 (5).

[21] 杨肃昌,芦海燕,周一虹:“区域性环境审计研究:文献综述与建议”,《审计研究》,2013 (2): 34-39.

[22] 顾正娣,华增凤:“深化环境审计推进江河湖泊综合治理”,《学术论坛》,2012,35 (10): 31-35.

[23] 马志娟,韦小泉:“生态文明背景下政府环境责任审计与问责路径研究”,《审计研究》,2014,6 (6): 32-35.

[24] 张宏亮,刘长翠,曹丽娟:“地方领导人自然资源资产离任审计探讨——框架构建及案例运用”,《审计研究》,2013 (2).

[25] 迈克尔·查特菲尔德:《会计思想史》,文硕等译,中国商业出版社 1989 年版.

[26] 卿固,辛超群:“XBRL 环境下的审计问题国内文献研究综述”,

《会计之友》，2015，1（1）：115 - 118.

［27］阮滢：“刍论现代审计的治理功能”，《财会月刊》，2010，7（7）：70 - 71

［28］张栋：“我国注册会计师审计监管制度发展回顾及思考”，《财会月刊》2011（15）：72 - 75.

［29］田冠军，高飞：“审计基础理论体系研究——基于前后一贯的理论结构”，《财会通讯》，2012（4）：16 - 20.

［30］蔡春：《审计理论结构研究》，东北财经大学出版社2002年版.

［31］杨典：“公司治理与企业绩效——基于中国经验的社会学分析”，《中国社会科学》，2013，1（1）：72 - 94.

［32］王士红：“内部审计师心理契约违背对降低审计质量行为的影响——基于问卷调查实证研究”，《审计研究》，2014，3（3）：84 - 89.

［33］李兆东：“环境机会主义、问责需求和环境审计”，《审计与经济研究》，2015（2）：33 - 42.

［34］陈思维：“环境审计的理论结构”，《审计理论与实践》，1998（3）：11 - 13.

［35］姜海鹰，翟传强：“世界审计组织环境审计工作组第16次会议综述”，《审计经济》，2015（3）：90 - 92.

［36］张薇，伍中信：“环境产权保护审计理论创新研究”，《财经问题研究》，2013，7（7）：123 - 128.

［37］郑小荣，何瑞铧：“中国省级政府审计结果公告意愿影响因素实证研究”，《审计研究》，2014（5）.

［38］陈正兴：《环境审计》，中国时代经济出版社2001年版.

［39］高方露，吴俊峰：“关于环境审计本质内容的研究”，《贵州财经学院学报》，2000（2）：53 - 56.

［40］邢剑锋：“2012亚洲审计组织环境审计第四次研讨会综述”，《审计研究》，2013，3（3）：11 - 15.

［41］刘长翠：《企业环境审计研究》，中国人民大学出版社2004年版.

［42］蔡春：“环境审计理论问题研究”，《西南财经大学“九五”“211”课题研究报告》，2006.

［43］宋传联，齐晓安："中国环境审计制度历史沿革及成效"，《税务与经济》，2015（2）：4－5.

［44］宋传联，齐晓安："独立性视阈下我国环境审计监督主体的定位"，《生态经济》，2013（6）：46－49.

［45］张以宽："论环境审计与环境管理"，《审计研究》，1997（3）：23－30.

［46］李明辉，张艳，张娟："国外环境审计研究述评"，《审计与经济研究》，2011，26（4）：29－37.

［47］蔡春，毕铭悦："关于自然资源资产离任审计的理论思考"，《审计研究》，2014，5（5）：3－9.

［48］钱忠好，任慧莉："中国政府环境责任审计改革：制度变迁及其内在逻辑"，《南京社会科学》，2014，3（3）：87－94.

［49］杨知宇："完善环境审计的几点建议"，《财务与会计》，2014，6（6）：64－68.

［50］姜海鹰："世界审计组织第二十届大会成果综述"，《审计研究》，2011，2（2）：90－92.

［51］张鸣，田野，陈全："制度环境、审计供求与审计治理——基于我国证券市场中审计师变更问题的实证分析"，《会计研究》，2012，5（5）：77－85.

［52］伍中信，曹越："产权保护、'三域'秩序与审计信息真实性"，《会计研究》，2007（12）：82－87.

［53］黄少安："关于制度变迁的三个假设及其验证"，《中国社会科学》，2000（4）：63－69.

［54］周小亮："制度绩效递减规律与我国21世纪初新一轮体制创新研究"，《财经问题研究》，2001（2）：4－9.

［55］米多斯著，李涛，王智勇译：《增长的极限》，机械工业出版社2006年版.

［56］丁胜红，吴应宇，周红霞："企业人本资本结构特征的实证分析"，《山西财经大学学报》，2011（12）：88－99.

［57］李若山：《论审计与社会经济权责结构》，中国财政经济出版社1991年版.

［58］方钦："演化的趋势"，《财经》，2008（11）：1－3.

［59］徐国君：《三维会计研究》，中国财政经济出版社2003年版.
［60］周红霞，伍中信：“委托环境责任审计模式的功能与构建”，《光明日报》，2014-8-31.
［61］黄溶冰：“我国节能减排的环境审计理论结构分析”，《中国行政管理》，2012（5）：30-33.
［62］李璐，张龙平：“关于我国开展水环境审计的理论与实践探讨”，《中南财经政法大学学报》，2012（6）：72-77.
［63］伍中信，周红霞：“审计本质特征的理论解析”，《审计与经济研究》，2012，11（6）：3-9.
［64］李伟阳，肖红军：“全面社会责任管理：新的企业管理模式”，《中国工业经济》，2010（1）：114-119.
［65］李永臣：《环境审计理论与实务研究》，化学工业出版社2006年版.
［66］张以宽：“论可持续发展战略与中国环境审计制度——实行环境审计制度是贯彻以德治国方针的重要举措”，《审计研究》，2003（1）：3-7.
［67］蔡春，陈晓媛：《环境审计论》，中国时代经济出版社2006年版.
［68］刘明辉：“以审计环境为逻辑起点构建审计理论体系”，《审计与经济研究》，2003，18（4）：15-21.
［69］上海市审计学会课题组：“环境审计研究（下）”，《上海审计》，2002（2）：38-43.
［70］福建省审计学会课题组：“关于环境审计的思考（下）”，《审计研究》，1997（4）：25-31.
［71］杨俊：“环境审计初探”，《审计与经济研究》，19949（4）：18-19.
［72］刘力云：“浅论环境审计”，《审计研究资料》，1997（2）：4-13.
［73］魏顺泽：“我国环境审计的探讨”，《现代审计》，2000（5）：25-26.
［74］辛金国，杜巨玲：“试论费用效益分析法在环境审计中的运用”，《审计研究》，2000（5）：48-53.
［75］贺桂珍，吕永龙，刘达朱等：“净值管理在环境审计中的应用”，《审计研究》，2007（2）：3-8.
［76］李兆东，时现，鄢璐：“基于能质流分析的生产型企业环境审计”，《审计与经济研究》，2010，25（1）：24-28.

［77］杨树滋，王德升："环境审计探讨"，《审计研究》，2002（6）：6－10.

［78］黄业明："环境审计报告研究"，《中国海洋大学博士论文》，2006：22－56.

［79］徐政旦等：《审计研究前沿（第二版）》，上海财经大学出版社 2011 年版.

［80］靳永军："略论环境审计"，《陕西省行政学院、陕西省经济管理干部学院学报》，2000（1）47－48.

［81］赵琳："环境审计准则体系建设初探"，《财会月刊》，2004（11）：42－44.

［82］耿建新，牛红军："关于制定我国政府环境审计准则的建议和设想"，《审计研究》，2007（4）：8－14.

［83］毛洪涛，张正勇："我国环境审计目标研究：评估与展望"，《财会通讯》，2009（33）：86－89.

［84］赵晶晶："基于生态足迹分析的义乌生态承载力评价"，《城市规划》，2010（11）：40－46.

［85］黄溶冰："我国节能减排的环境审计理论结构分析"，《中国行政管理》，2012（5）：30－33.

［86］周红霞："生态资本治理结构研究"，《天津商业大学学报》，2011，31（3）：28－33.

［87］伍中信，周红霞："基于超契约的环境审计模式再认识"，《东南大学学报》，2015，17（1）：62－69.

［88］沈征："审计职业道德规范的结构选择——基于规则型和框架型的比较分析"，《中国注册会计师》，2012（8）：45－48.

［89］吕峻，焦淑艳："环境披露、环境绩效和财务绩效关系的实证研究"，《山西财经大学学报》，2011，33（1）：109－116.

［90］沈洪涛，游家兴，刘江宏："再融资环保核查、环境信息披露与权益资本成本"，《金融研究》，2010，366（12）：159－171.

［91］W. A. 华莱士："中国会计职业界及其相关环境研究机会之探讨"，《中国会计与财务研究》，2000，2（2）：1－19.

［92］A. C. 利特尔顿，林志军等译著：《会计理论结构》，中国商业出版

社 1989 年版.

［93］陈毓圭：“世界行长心中的会计”，《中国财经报》，1997 -11 -29.

［94］李东平，黄德华等：“‘不清洁’审计意见、盈余管理与会计师事务所变更”，《会计研究》，2001（6）：51 -57.

［95］耿建新，杨鹤：“我国上市公司变更会计师事务所情况的分析”，《会计研究》，2001（4）：57 -62.

［96］熊建益：“关于我国上市公司会计师事务所更换的实证研究”，《厦门大学博士论文》，2001：30 -80

［97］中国证券管理委员会首席会计师办公室：《谁审计中国证券市场——审计市场》，中国财政经济出版社 2001 年版.

［98］李树华：《审计独立性的提高与审计市场的背离》，上海三联出版社 2000 年版.

［99］林启云：“审计与非审计服务：不可调和的利益冲突？安然事件再次引发的话题”，《中国注册会计师》，2002（2）：19 -23.

［100］王光远：“受托责任会计观与受托责任审计观”，《财会月刊》，2002（2）：3 -5.

［101］罗伯特·K. 莫茨，侯赛因·A. 夏拉夫：《审计理论结构》，中国商业出版社 1990 年版.

［102］刘燕：“法律界与会计界分分歧究竟在哪里”，《注册会计师通讯》，1998（7）：30 -31.

［103］DeAngelo L E. Auditor size and audit quality. Journal of Economics, 1981, 3（3）：183 -199.

［104］李雪，时毅：“审计质量评价体系的新建”，《审计与经济研究》，2007，22（3）：13 -14.

［105］彭桃英：《审计质量与审计市场行为主体关系研究》，经济管理出版社 2007 年版.

［106］刘杜良，牟谦：“审计市场结构与审计质量：来自中国证券市场的经验证据”，《会计研究》，2008（6）：25 -28.

［107］李璐，张龙平：“WGEA 的全球性环境审计调查结果：分析与借鉴”，《审计研究》，2012（1）：33 -39.

[108] 冯均科:《注册会计师审计质量控制理论研究》,中国财政经济出版社 2002 年版.

[109] 曾颖,陆正飞:“信息披露质量与股权融资成本”,《经济研究》,2006 (2): 69 -80.

[110] 肖珉,沈艺峰:“跨地上市公司具有较低的权益资本成本吗?”,《金融研究》,2008 (10): 93 -103.

[111] 伍利娜:“盈余管理对审计费用影响分析——来自中国上市公司首次审计费用披露的证据”,《会计研究》,2003 (12): 44 -47.

[112] 曹琼,卜华等:“盈余管理、审计费用与审计意见”,《审计研究》,2013 (6): 76 -82.

[113] 毛新述,孟杰:“内部控制与诉讼风险”,《管理世界》,2013 (11): 155 -165.

[114] 冯延超:“高科技企业股权集中度与绩效的关系——与传统企业的比较研究”,2010, 28 (8): 1192 -1197.

[115] 廖理,廖冠民,沈红波:《经营风险、晋升激励与公司绩效》,中国工业经济 2009 年版.

[116] 潘克勤:“公司治理、审计风险与审计定价——基于 CCGINK 的经验证据”,《南开管理评论》,2008, 11 (1): 106 -112.

[117] 蔡吉甫:“公司治理、审计风险与审计费用关系研究”,《审计研究》,2007 (3): 65 -71.

[118] 郝振平,桂璇:“B 股公司审计市场供给与需求研究”,《中国会计评论》,2004, 2 (1) : 159 -176.

[119] 张长江,陈良华等:“中国环境审计 10 年回顾:轨迹、问题、前瞻”,《中国人口·资源与环境》,2011, 21 (3): 35 -41.

[120] 宋英慧,陈燕蓉:“内部控制有效性对审计定价的影响——基于深交所制造业的经验验证”,《税务与经济》,2013, (5): 53 -59

[121] 张俊民,胡国强:“高管审计背景与审计定价:基于角色视角”,《审计与经济研究》,2013, 28 (2): 25 -30.

[122] 刘继红:“高管会计师事务所关联、审计任期与审计质量”,《审计研究》,2011 (2): 63 -69.

[123] 李江涛，宋华杨，邓迎予：“会计师事务所转制政策对审计定价的影响”，《审计研究》，2013（2）：99－105.

[124] 武恒光，王帆，鲁清仿：“事务所变更、审计费用调整策略与审计意见收买”，《山东财政学院学报》，2011（2）：52－57.

[125] 李仙，聂丽洁：“我国上市公司IPO中审计质量与盈余管理实证研究”，《审计研究》，2006（5）：48－55.

[126] 李贺，张玉林，仲伟俊：“考虑战略消费者行为风险的动态定价策略”，《管理科学学报》，2012，15（10）：11－24.

[127] 李根道，熊中楷，李薇：“基于收益管理的动态定价研究综述”，《管理评论》，2010，22（4）：97－108.

[128] Aldy J, Krupnick A, Newell R. et al. Designing climate mitigation policy, resource for the future. Discussion Paper, 2009: 8－16.

[129] Bento G A M, Jacobsen M R, Haefen R H. et al. Distributional and efficiency impacts of increased U. S. gasoline taxes. American Economic Review, 2009, 99 (3): 667－700.

[130] Rogge K, Hoffmann V. The impact of the EU ETS on the sectoral innovation system for power generation technologies-finding. Working Paper Sustainability and Innovation No. S2/2009, Fraunhofer Instituter for Systems and Innovation Research (ISI), Karlsruhe, Germany, 2008: 114－1324.

[131] McKinnon A C. Green logistics: improving the environmental sustainability of logistics. Oxford: Kogan Page, 2010: 1012－1543.

[132] Alberola E, Chevallier, Chèze B. Price drivers and structural breaks in European carbon prices 2005－2007. Energy Police, 2008, 38 (2): 787－797.

[133] Uhrig-Homburg M, Wagner M. Future sprice dynamics of CO_2 emission certificates-Anempirical analysis. Working Paper, 2009: 1011－1213

[134] Boyd J, Banzhaf S. What are ecosystem services? The need for standardized environmental accounting units. Ecological Economics, 2007, 63 (6): 616－626.

[135] Ayes D. Environmental and material flow cost accounting: principles and procedures. Journal of Cleaner Production, 2010, 18 (13): 1347－1348.

[136] Chang Y C, Wang N. Environmental regulations and emissions trading

in China. Energy Policy, 2010, 38 (7): 3356 -3364.

[137] Fahlén E, Ahlgren E O. Accounting for external costs in a study of a Swedish district-heating system-An assessment of environmental policies. Energy Policy, 2010, 38 (9): 4909 -4920.

[138] Ball A, Craig R. Using neo-institutionalism to advance social and environmental accounting. Critical Perspectives on Accounting, 2010, 21 (4): 283 -293.

[139] Moore M et al. Markets for renewable energy and pollution emissions: Environmental claims, emission-reduction accounting, and product decoupling. Energy Policy, 2010, 38 (10): 5956 -5966.

[140] Jones M J. Accounting for the environment: Towards a theoretical perspective for environmental accounting and reporting. Accounting Forum, 2010, 34 (2): 123 -138.

[141] Howard L R. Principles of auditing. Hampshire: Macdonald&Evans, 1982, 12 -132.

[142] Auditing, Concepts, Committe. A statement of basic auditing concepts. American.

[143] Accounting Association, 1973: 113 -138.

[144] Woolf E. Advanced auditing and investigation. Hampshire: Macmillan & Evans, 1985: 134 -213.

[145] Fraser D J, Aiken M E. Stettler's systems-based audits. Sydney: Prentice-Hall of Australia Pty Ltd, 1986: 125 -213.

[146] Reilly V M O. Montgomer's auditing. Australia: John Wiley&Son, 1990: 114 -241.

[147] Huang R B. Environmental auditing: an informationized regulatory tool of carbon emission reduction. Energy Procedia, 2010, (5): 6 -14.

[148] Thompson D, Wilson M J. Environmental auditing: theory and applications. Environmental Management, 1994, 18 (4): 605 -615.

[149] Lightbody M. Environmental auditing: the audit theory gap. Accounting Forum, 2000, 24 (2): 151 -169.

[150] Tomlinson P, Atkinson S F. Environmental audits: proposed terminolo-

gy. Environmental Monitoring and Assessment, 1987, 8 (3): 187 -198.

[151] Tozer L, Mathews M. Environmental auditing: current practice in New Zealand. Accounting Forum, 1994, 18 (3): 47 -69.

[152] Moor P D, Beelde I D. Environmental auditing and the role of the accountancy profession: a literalure review. Environmental Management, 2005, 36 (2): 205 -219.

[153] Darnall N, Seol I, Sarkis J. Perceived stakeholder influences and organizations' use of environmental audits, http: //www. ssrn. com/ , 2008 -2 -12.

[154] Brown R G. Changing audit objectives and techniques. Accounting Review, 1962, 37 (10): 696 -702.

[155] Sullivan J D et al. Montgomery's auditing. New york: John Wiley&Sons, 1985: 231 -352.

[156] Banzhaf H S, Boyd J. The architecture and measurement of an ecosystem services index. Sustainability, 2012, 4 (4): 430 -461.

[157] Freeman R E. Strategic management: a stakeholder approach. Boston: Pitman Publis hing, 1984: 1012 -1231.

[158] Blair M. Rethinking assumptions behind corporate governance. Challenge, 1995, 38 (6): 12 -17.

[159] Donaldson T, Preston L E. The stakeholder theory of the corporation: concepts, evidence, and implication. Academy of Management Review, 1995, 20 (1): 65 -91.

[160] Williamson O E. Markets and hierarchies: Analysis and Antitrust Implications. New York: Free Press, 1975: 211 -342.

[161] Jensen M C, Meckling W H. Theory of the firm: managerial behavior, agency costs and ownership structure. Journal of Financial Economics, 1976, 3 (4): 305 -360.

[162] Alchian A, Woodward S. Rethinking the theory of firm, 孙经纬译: 上海财经大学出版社 1998 年版.

[163] Joshua Ronen. A market solution to accounting crisis. New York Times, 2002 -3 -8.

[164] Holmstrom B. Moral hazard and observability. Bell Journal of Economics, 1979, 10 (1): 74-91.

[165] Mirrlees J. Notes on welfare economics, information and uncertainty, in Essays on Economic Behavior under Uncertainty. Amsterdam: North-Holland, 1974: 1122-1567.

[166] Grossman S, Hart O. An analysis of the principal-agent problem. Econometrica, 1983, 51 (1): 7-45.

[167] Rogerson W P. The first-order approach to principal-agent problem. Econometrica, 1985, 53 (2): 1357-1368.

[168] Hart O, Holmstrom B. The Theory of Contracts, in Advances in Economic Theory-Fifth World Congress. Cambridge: Cambridge Press, 1987: 102-110.

[169] Handy C. The age of unreason. London: Century Hutchinson Press, 1989: 112-213.

[170] Argyris C. Personality and organization. New York: Harper & Row Press, 1957: 143-312.

[171] Ghoshal S, Bartlett C A. The individualized corporation. Boston Massachusetts: Harvard Business Press, 1997: 188-200.

[172] Palfrey T, Rosenthal H. Underestimated probabilities that others free ride: an experimental test. Mimeo: California of technology and Carnegie-Mellon University, 1989: 1211-1675.

[173] Tomlinson G R. A simple theoretical and experimental study of the force characteristics from electro-dynamic exciters on linear and nonlinear systems. Proceedings of the 5th International Modal Analysis Conference, 1987: 1479-1486.

[174] Hillary R. Environmental auditing: concepts, methods and developments. International Journal of Auditing , 1998 (2): 71-85.

[175] Sigman H. Environmental liability and redevelopment of old industrial land. Journal of Law and Economics, 2010, 53 (2): 289-306.

[176] Drucker P F. Management: tasks, responsibilities, practices. New York: Harper & Row, 1973: 1112-1343.

[177] Boivin B, Gosselin L. Going for a green audit. CA Magazine, 1991,

124 (3): 61 -63.

[178] Nalu A V. Environmental audit: a tool for waste minimization for small and medium scale dyestuff industries. Chemical Business, 1999 (9): 133 -138.

[179] Stanwick P A, Stanwick S D. Cut your risks with environmental auditing. The Journal of Corporate Accounting & Finance, 2001, 12 (4): 11 -14.

[180] Hepler J A, Neumann C. Enhancing compliance at department of defense facilities: comparison of three environmental audit tools. Journal of Environmental Health, 2003, 65 (8): 17 -24.

[181] Hillary R. Developments in environmental auditing. Managerial Auditing Journal, 1995, 10 (8): 34 -39.

[182] Finnvedena G, Moberg A. Environmental systems analysis tools - an overview. Journal of Cleaner Production, 2005, 13 (12): 1165 -1173.

[183] Cahill I B. Conducting third party evaluations of environmental, health and safety audit programs. Environmental Quality Management, 2002, 11 (3): 39 -49.

[184] Ammenberg J, Sundin E. Products in environmental management system: the role of auditors. Journal of Cleaner Production, 2005, 13 (4): 417 -431.

[185] Rittenberg L E, Haine S F, Weygandt J J. Environmental protection: the liability of the 1990's. Internal Auditing, 1992 (2): 12 -25.

[186] Ammenberg J, Wik G, Hjelm O. Auditing external environmental auditors investigating: how ISO14001 is interpreted and applied in reality. Eco-Management and Auditing, 2001, 8 (4): 183 -192.

[187] IIA. Proceedings of the first international ICSC symposium on intelligent industrial automation (IIA96) and soft computing. 1996: 234 -789.

[188] Power M. Expertise and the construction of relevance: accountants and environment audit. Accounting, Organization and Society. 1997, 22 (2): 123 -146.

[189] Roxas M, Stoneback J. An investigation of the ethical decision-making process across varying cultures. The International Journal of Auditing, 1997, 32 (4): 503 -535.

[190] Watts R L, Zimmerman J L. Agency problems, auditing and the theory

of the firm: some evidence. Journal of Law and Economics, 1983, 26 (3): 613-633.

[191] Darrell W, Schwartz B N. Environmental disclosures and public policy pressure. Journal of Accounting and Public Policy, 1997, 16 (2): 125-154.

[192] Freedman M, Staglian A J. European unification, accounting harmonization, and social disclosure. The International Journal of Accounting, 1992, 27 (2): 112-180.

[193] Patten D M. Intra-industry environmental disclosure in response to the Alaskan oil spill: a note on legitimacy theory. Accounting, Organizations and Society, 1992, 17 (5): 471-478.

[194] Plumlee M A, Marshall S, Brown D. Voluntary environmental disclosure quality and firm value: roles of venue and industry type. SSRN Elibrary, 2009: 1013-1245.

[195] Richardson T S, Bailer H, Banerjee M. Tractable structure search in the presence of latent variables. In proceedings of artificial intelligence and statistics. San Francisco: Morgan Kaufmann, 1999: 142-151.

[196] Richardson A, Welker M. Social disclosure, financial disclosure and the cost of equity capital. Accounting, Organizations and Society, 2001, 26 (7/8).

[197] Clarkson P M, Li Y, Richardson G D, et. al. Revisiting the relation between environmental performance and environmental disclosure an empirical analysis. Accounting, Organizations and Society, 2008, 33 (4-5): 303-327.

[198] Chang H, Fernando G D, Liao W. Sarbanes-Oxley Act, perceived earnings quality and the cost of equity capital. Journal of Corporate Finance, 2009, 8 (3): 216-231.

[199] Gomes A, Gorton G, Madureira L. SEC regulation fair disclosure, information, and cost of capital. Journal of Corporate Finance, 2007, 13 (2-3): 300-334.

[200] Duart J, Han X, Hartford J, et. al. Information asymmetry, information dissemina-tion and the effect of regulation FD on the cost of capital. Journal of

Financial Economics, 2008, 87 (1): 24 -44.

[201] Dye R A. Disclosure of non-proprietary information. Journal of Accounting Research, 1985, 23 (1): 123 -145.

[202] Al -Tuwaijri S A, Christensen T E, Hughes K E. The Relations among environmental disclosure, environmental performance, and economic performance: a simultaneous equations approach. Accounting, Organizations and Society, 2004, 29 (5 -6): 447 -471.

[203] Clarkson P M, Li Y, Richardson G D. The market valuation of environmental expenditures by Pulp and Paper Companies. The Accounting Review, 2004, 79 (2): 329 -353.

[204] Dyck T. Enforcing environmental integrity: emissions auditing and the extended arm of the Clean Development Mechanism. Columbia Journal of Environmental Law, 2011, 36 (2): 260 -360.

[205] Radu M. Corporate governance, internal audit and environmental audit-the performance tools in Romanian companies. Accounting and Management Information Systems, 2012, 11 (1): 112 -130.

[206] Keim G D. Managerial behavior and the social responsibilities debate: goals versus, constraints. Academy of Management Journal, 1978, 21 (1): 57 -68.

[207] Ullmann A A. Data in search of a theory: A critical examination of the relation-ships among social performance, social disclosure, and economic performance of U. S. firms. Academy of Management Review, 1985, 10 (3): 540 -557.

[208] Villers C D, Naiker V, Staden C J. The effect of board characteristics on firm environmental performance. Journal of Managment, 2011, 10 (6): 1636 - 1658.

[209] Chen G Q, Fan K W, Lu F P, et a1. Optimization of nitrogen source for enhanced production of squatness from thraustochytrid Aurantiochytrium. New Biotech-nology, 2010, 27 (4): 382 -389.

[210] Josefina L, Luna M. Why do patterns of environmental response differ? A stake-holders pressure approach. Strategic Management Journal, 2008, 29 (11): 1225 -1240.

[211] Menguc B, et a1. The interactive effect of internal and external factors on a proactive environmental strategy and its influence on a firm's performance. Journal of Business Ethics , 2010, 94 (2): 279 -298.

[212] Gray W B, Shimshack J. The effectiveness of environmental monitoring an enforcement: a review of the empirical evidence. Review of Environmental Economics and Policy, 2011, 5 (1): 3 -24.

[213] Charles H C, Dennis M P, Robin W R. Corporate political strategy: an examination of the relation between political expenditures, environmental performance, and environmental disclosure. Journal of Business Ethics, 2006, 67 (1): 139 -154.

[214] Dasgupta S, Laplante B, Mamingi N. Pollution and capital markets in developing countries. Journal of Environmental Economics and Management, 2001, 2 (3): 310 -335.

[215] Haniffa R M, Cooke T E. Culture, corporate governance and disclosure in Malaysian corporations. Abacus, 2002, 38 (3): 317 -349.

[216] Bragdon J H, Marlin J A. Is pollution profitable. Risk Management, 1972, 19 (2): 9 -18.

[217] Spicer B H. Investors, corporate social performance and information disclosure: an empirical study. Accounting Review, 1978, 53 (1): 94 -111.

[218] Al-Tuwaijri S A, Christensen T E, Hughes K E II. The relations among environmental disclosure, environmental performance, and economic perfor-mance: a simultaneous equations approach. Accounting, Organizations and Society, 2004, 29 (5 -6): 447 -471.

[219] Haniffa R M, Cooke T E. Culture, corporate governance and disclosure in Malaysian corporations. Abacus, 2002, 38 (3): 317 -349.

[220] Thomas P L, Maxwell J W, Greenwash: corporate environmental disclosure under threat of audit. Ross School of Business Working Paper Series, March, 2006, http: //ssrn. com/abstract =938988.

[221] Meng X, Zeng S, Tam C et al. From voluntarism to regulation: a study on ownership, economic performance and corporate environmental information disclo-

sure in China. Journal of Business Ethics, 2013, 116 (1): 217 -232.

[222] Krishnan J, Krishnan J, Stephens R G. The simultaneous relation between auditor switching and audit opinion: an empirical analysis. Accounting and Business Research, 1996, 26 (2): 224 -236.

[223] Meigs W B, Whittington O R, Meigs R F. 《审计学原理（第七版）》，冯拙人译，大中国图书公司，1983: 76 -169.

[224] Waddock S, Winter N S. Corporate responsibility audits: doing well by doing good. Sloan Management Review, 2000, 41 (2): 75 -83.

[225] Wiseman J. An evaluation of environmental disclosures made in corporate annual reports. Accounting, Organizations and Society, 1982, 7 (1): 53 -63.

[226] A Kouaib, A Jarboui. Calidad de la auditoría externay la estructura propietaria: interacción e impacto sobre la gestión de los ingresos en los sectores industriales y comerciales tunecinos, Journal of Economics Finance&Adminstrative Science, 2014, 19 (37): 78 -89.

[227] Gebhardt W, Lee C, Swaminathan B. Toward an implied cost of capital. Journal of Accounting Research, 2001, 39 (1): 135 -174.

[228] Pastor L, Sinha M, Swaminathan B. Estimating the intertemporal risk-return trade off using the implied cost of capital. Journal of Finance, 2008, 63 (3): 2857 -2897.

[229] Chen C W, Chen Z H, Wei K C J. Legal protection of investors, corporate governance, and the cost of equity capital. Journal of Corporate Finance, 2009, 15 (3): 273 -289.

[230] Botosan C A, Plumlee M A. Assessing alternatives for the expected risk premium. The Accounting Review, 2005, 80 (1): 21 -53.

[231] Hail L, Leuz. International differences in the cost of equity capital: do legal institutions and securities regulation matter? Journal of Accounting Research, 2006, 44 (3): 485 -531.

[232] Bewley K, Li Y. Disclosure of environmental information by Canadian manufacturing companies: a voluntary disclosure perspective. Advances in Environmental Accounting and Management, 2000, (1): 201 -226.

[233] Elijido-Ten E. Determinants of environmental disclosures in a developing country: an application of the stakeholder theory. In The Fourth Asia Pacific Interdisciplinary Research in Accounting Conference, Singapore, 2004, 345 – 1257.

[234] Hayes R M, Schaefer S. CEO pay and the lake wobegon effect. Journal of Financial Economics , 2009, 94 (2): 280 – 290.

[235] Bizjak J M, Lemmom L M, Naveen L. Does the use of peer groups contribute to higher pay and less efficient compensation ? Journal of Financial Economics, 2008, 90 (2): 152 – 168.

[236] Bebchuk L, Fried J M. Executive compensation as an agency problem. Journal of Economic perspectives , 2003, 17 (3): 71 – 92.

[237] Bertrand M, Mullainathan S. Are CEOs rewarded for luck? The ones without principals are. Quarterly Journal of Economics, 2001, 116 (3): 901 – 932.

[238] Smith C W, Watts R L. The investment opportunity set and corporate financing, dividend, and compensation polices. Journal of Financial Economics, 1992, 32 (3): 263 – 292.

[239] Simunic D A. The pricing of audit services theory and evidence. Journal of Accounting Research, 1980, 18 (1): 161 – 190.

[240] Johnstone, Bedard. Audit firm portfolio management decisions. Journal of Accounting Research, 2004, 42 (4): 659 – 690.

[241] Abbott L S, Parker S, Peters G. Earnings management, litigation risk, and asymmetric audit fee responses. Auditing: A Journal of Practice and Theory, 2006, 25 (5): 85 – 98.

[242] Beatty C A. The stress of managerial and professional women: is the price too high? Journal of Organizational Behavior, 1996, 17 (3): 233 – 251.

[243] Pratt J J, Stice D. The effects of client characteristics on auditor litigation risk judgments, required audit evidence, and recommended audit fees. The Accounting Review, 1994, 69 (4): 639 – 656.

[244] Lys T, Watts R L. Lawsuits against auditors. Journal of Accounting Research, 1994: 32 (supplement): 65 – 93.

[245] Hogan C, Wilkins M. Evidence on the audit risk model: do auditors in-

crease audit fees in the presence of internal control deficiencies? Contemporary Accounting Research, 2008, 25 (1): 219 -242.

[246] Liu Q, Van Ryzin G. Strategic capacity rationing to induce early purchase. Management Science, 2008, 54 (6): 1115 -1131.

[247] Stanwick P A, Stanwick S D. Cut your risks with environmental auditing. The Journal of Coqmrate Accounting&Finance, 2001, 12 (4): 11 -14.

[248] Lennox C, li B. The consequences of protecting audit partners' personal assets from the threat of liability. Journal of Accounting and Economics, 2012, 54 (2 -3): 154 -173.

[249] Elmaghraby W, Keskinocak P. Dynamic pricing in the presence of inventory considerations: research overview, current practices and future directions. Management Science, 2003, 49 (10): 1287 -1309.

[250] Bitran G, Caldentey R. An overview of pricing models for revenue management. Manufacturing & Service Operations Management, 2003, 5 (3): 203 -229.

后　记

本书围绕环境产权实务与会计基础、基于环境产权行为的新环境审计模式再造、基于碳排放和自然资源资产的环境审计实务三个方面的内容展开，以期将环境产权行为及其与环境审计之间的内在逻辑系统化，探索环境审计的本质，直面环境治理现实困境的解决方略。全书由伍中信教授负责构思与整体设计、质量把关和最后修订，张薇教授、周红霞博士、伍彬博士参与了部分章节的编写，张薇教授、曾峻博士做了大量的组织与资料整理工作。感谢财政部会计名家培养工程为本书所涉及相关研究提供的资助！同时本书也是国家社会科学基金重点项目“新时期农村居民财产性收入扶贫模式的财务运作创新研究(18AGL008)”的阶段性成果。感谢中国财经出版传媒集团为本书的出版给予的大力支持，感谢编辑们所付出的辛勤劳动！由于作者水平有限，本书尚有许多不足之处，恳请各位方家批评指正。

作者

2019 年 6 月